U0171199

前　言

　　泥质软岩分布非常广泛，泥岩与页岩占地球表面岩石的 50% 左右，对地下工程的稳定性在很多情况下占据了主导作用。在煤矿井下巷道中，泥质软岩呈现风化崩裂、遇水膨胀软化等特点，在采煤工作面强烈的开采扰动下，泥质软岩巷道顶板事故频发。地处西南山区的贵州省矿产资源丰富，其中煤矿巷道顶板多为泥质软岩，顶板事故时有发生。此外，由于泥质顶板承载能力弱，巷道矿山压力显现剧烈，巷道出现大变形，需要对巷道进行多次修复，费时费力，严重影响矿山的安全高效生产。

　　本书以典型泥质动压巷道为工程背景，围绕泥质动压巷道围岩变形破坏机理与围岩控制理论及技术两个关键问题，综合采用现场调研、室内实验、理论分析及数值模拟等手段，归纳总结泥质动压巷道变形破坏特征，探究动力扰动诱发巷道围岩失稳破坏的因素，针对扰动载荷下岩石试件能量演化特征与围岩力学响应进行分析。在此基础上，分析泥质动压巷道围岩控制原理，提出强力锚注和切顶卸压为代表的防控关键技术，在山脚树煤矿和红林煤矿等矿山开展工程实践。

　　本书以国家自然科学基金项目"动力扰动下特厚泥质顶板巷道围岩破裂演化及其能量机制研究"（51904080）、"高应力红页岩巷道围岩蠕变特性及孕灾机理研究"（5216040240）、贵州省科技支撑计划项目"近距离煤层群强动压巷道协同控制技术研发与示范应用"（黔科合支撑［2021］一般 352）、贵州省优秀青年科技人才计划（黔科合平台人才［2021］5610）为依托，综合运用现场调研、室内试验、数值模拟、理论分析与现场应用等研究方法，对泥质动压巷道的变形破坏机理及控制技术等内容开展系统研究，以期为实现泥质动压巷道的安全控制提供理论与技术支撑。

　　在本书撰写过程中得到了多位专家的关心和支持，他们提出了宝贵的意见和建议。陈川、梁旭超、官瑞冲、丁万奇、陈安民、郑行行、穆航、李志浩、冯小磊、帅运林、刘荣科、黄青荣等硕士研究生参与了全书的资料收集、文字校对及图表绘制工作，在此表示感谢。在现场期间得到了贵州盘江精煤股份有限公司山脚树煤矿、贵州林东矿业集团有限责任公司红林煤矿、平安磷矿二矿、贵州文家坝矿业有限公司有关领导和工程技术人员的大力支持和帮助，在此表示诚挚的感谢。本书在写作过程中参考了很多专家学者的文献资料，还引用了一些前人的研究成果，可能未完全标出，在此向所有文献资料的作者表示感谢和敬意。

　　由于作者水平有限，书中疏漏和欠妥之处，敬请读者批评指正。本着相互学习、相互促进的初衷，欢迎读者来信进行交流，可发送至 zqma@gzu.edu.cn。

作　者
2023 年 7 月

目　　录

第1章 绪 论

1.1 研 究 背 景

目前泥质软岩是世界上分布广泛的一种岩石,占据地球表面岩石的一半,而且在很多情况下泥质软岩对工程的稳定性起到主要影响作用。随着矿产资源开采逐步转向深部,地下巷道的布置也越来越深,泥质软岩以风化崩裂、遇水膨胀软化等破坏特征为显著特点,加上受到回采、掘进、爆破等动压影响剧烈,使得泥质动压巷道顶板事故频发。据统计,2008~2020 年,在我国最为频发的煤矿事故中,以巷道顶板事故最多,占比 33%[1]。贵州省煤炭资源丰富,且大多数矿井巷道顶板岩性为泥质软岩,顶板事故多有发生。此外,由于泥质顶板承载力差,矿山压力剧烈显现,导致巷道出现大变形(图 1-1),需要对巷道进行多次修复,费时费力,严重影响贵州矿井的安全生产活动。

(a) 顶板严重金属网撕裂   (b) 顶板严重下沉

图 1-1 典型泥质动压巷道破坏图

泥岩在漫长的地质作用下会产生各种孔隙、裂隙、节理等天然缺陷,这些缺陷的岩体开挖过程中同时受到巷道爆破掘进及工作面高强度回采多次扰动,导致岩体损伤加剧,强度降低。巷道在服务年限内顶板冒顶及两帮收缩事故频发,严重导致巷道整体失稳,越来越多的矿山企业因巷道问题造成技术难度上升,巷道失稳破坏问题加剧。在地下采矿工程中,高地应力、巷道围岩性质及人工采动成为巷道破坏的最主要原因[2-7]。过去,对泥质动压巷道的致灾机理研究主要集中在静态或准静态方面,忽略了大部分巷道事故都是由采动、掘进、爆破等过程中的动压所诱发的。因此,深入研究泥质动压巷道的致灾机理,为进一步实现巷道的安全控制提供科学依据，对于保证煤矿的安全有效生产有着极其重要的理论意义和实践指导价值。

1.2　国内外研究现状

1.2.1　泥质动压巷道围岩变形破坏机理研究进展

研究动压巷道的支护技术，首先要明白什么是采动压力，有时简称动压。对于采动的研究，有的是研究静压效应，有的则是研究动压效应。在静压效应相关研究中，有一点共性是均认为工作面受到采动影响，会产生支承压力区，而采空区则会出现降压区和二次来压区。也有学者对"动压"二字解释为，矿山开采中如采动、掘进、爆破等形成的各类集中压力的总称[8]。

在泥质动压巷道围岩变形破坏机理方面国内外学者进行了大量研究，取得了丰富的成果。宋希贤等[9]利用 RFPA2D-Dynamic 来模拟巷道围岩动态损伤破坏在动载荷作用下的发展，展示了深部巷道卸压孔与锚杆联合支护在动载荷作用下的作用机理。李夕兵和唐礼忠等[10,11]针对深部矿柱在承受高静载应力时的动力扰动力学模型进行应力波传播力学响应分析。高富强等[12]针对动力扰动下巷道围岩力学响应利用 FLAC 进行了大量数值模拟分析。李夕兵等[13,14]和刘少虹等[15]充分利用改进的霍普金森压杆实验装置开展了大量的一维和三维动静组合加载实验，充分研究了岩体静力学及动力学的特性。马念杰等[16]深入探讨了在深部采动巷道环境下对顶板稳定性的影响因素，着重分析了巷道围岩塑性区在双向非等压条件下的力学机制和形态特征。康红普[17]探讨了采煤工作面与掘进工作面周围应力升高区分布、垂直应力降低区及集中应力变化，同时对比分析了浅部与深部地应力状态等方面的差异。兰奕文等[18]基于提出的顶板全锚索控制系统，着重分析了新支护系统的控制原理、组成结构等。严红等[19]基于提出的"多支护结构体"控制系统和均分断面两次成巷，着重分析了新支护系统顶板安全性判定因素、控制原理等。卢爱红等[20]认为动压软岩的大变形、大地压、持续流变使得支护控制机理更为复杂，利用弹黏塑性理论分析了巷道位移、支护阻力与黏性系数和时间的关系。李桂臣等[21]分析了巷道初期支护稳定但随动压反复作用与水逐渐渗入围岩呈现"泥化—变形—再泥化—失稳"的规律，指出软弱夹层遇水泥化是动压巷道失稳的主要诱因。袁越等[22]对深部动压巷道塑性区形态演化规律进行深入分析，阐明了蝶形塑性区形成的力学条件，界定了塑性区恶性扩展及其临界的定义，揭示了深部动压回采巷道的变形破坏机理。李家卓等[23]分析了煤层群开采条件下的巷道多次扰动失稳机理，并对煤层群邻近层多工作面回采顺序进行了数值计算，再现了不同开采顺序下的底板动压回采巷道围岩力学环境。孙利辉等[24]以郭二庄矿 22311

工作面回风巷煤帮强烈变形问题为背景,分析极软煤体物理力学特征及破碎机理,研究了巷道煤帮强烈大变形规律。许兴亮等[25]根据围岩不同的渗流特性,沿巷道径向将巷道围岩空间划分成完全渗流区、定向渗流区、渗流屏蔽区、原岩渗流区,发现沿巷道轴向岩体渗透性呈现负指数规律逐渐增加达到极值,随后趋向减少,而沿巷道环向岩体渗透性受层状沉积的影响,不同部位的渗透性差异很大。

综合以上研究成果可以看出,有关专家学者在泥质动压巷道围岩变形破坏机理方面已经做出了大量工作,由于研究侧重点不同,相关研究仍存在一定不足之处,需要进一步深入研究。

(1)针对泥质动压巷道围岩破裂演化方面的研究不足,大多数研究都是单一考虑围岩应力或围岩强度对裂隙扩展的影响,未能系统地分析不同应力波峰值及频率等因素的影响。

(2)针对泥质动压巷道能量演化方面的研究有待深化。随着煤炭开采的深度日益增大,深部巷道的矿压剧烈显现,能量大量积聚并释放对巷道失稳影响更加明显。

(3)针对煤矿动力扰动($10^{-5}s^{-1}$＜应变率＜$10^{-3}s^{-1}$)对泥质岩体的破坏规律研究较少,尤其缺少对静载荷作用下破裂以后,在不同扰动下载荷作用下泥岩力学行为及工程动力响应特征的研究,而该研究是分析动力扰动下巷道变形失稳的基础。

1.2.2 泥质动压巷道围岩控制理论研究进展

近年来经过国内外学者的不断努力,泥质动压巷道支护理论开始形成,并随着在工程实践中的不断应用、不断革新、进步发展,形成一些相对成熟的支护理论。董方庭等提出的巷道围岩松动圈理论指出,围岩松动圈才是巷道围岩控制的要点,它是由于开挖掘进引起岩体损坏,产生并引起岩石裂缝和内力的发展甚至是长时间的发展[26,27]。围岩变形是随着松动圈的变化而同时变化的,松动圈越大,围岩控制支护难度就越大。何满潮等将力学与工程地质学结合应用,提出了软岩巷道支护新理论[28-30]。该理论将巷道围岩分为三类,每一类又细分为 A、B、C、D 四个等级,该理论的重点是将符合类型的软岩变形机制转变到单一的变形机制,巷道支护要对应其力学机制。应力控制理论[31]指出,巷道挖掘致使地层原有应力平衡状态改变,地层应力得到释放和余量应力转移重新分布,转移重新分布的部分应力就得由支护结构提供支撑力来承担。一般以围岩一定范围的弱化来调节应力的大小和方向及分布直至围岩基本稳定。方祖烈提出主次承载区理论,该理论将巷道围岩的深部、浅部区域划分为压应力区和拉应力区,认为深部的压应力区才是主要的承载区域[32,33]。许家林和钱鸣高[34]介绍了岩层控制关键层理论的基本概念,对关键层理论在工程应用研究情况进行了总结。随着深部矿井的开采,在悬吊理论、组合梁理论、组合拱理论、减跨理论[35]的基础上,越来越多的深部围岩控制理论不断发展和完善。何满潮、孙晓明等提出了耦合支护理论，指出支护体系与巷道围岩之间要形成耦合作用，在围岩的关键部位形成强度、刚度变形性耦合作用[36-38]。张农等[39]提出了加长锚索使之锚固于零位移点上部的围岩挤压区，并开展了挤压模型和现场实测分析。侯朝炯等提出了围岩强度强化理论，指出了锚杆支护对提高围岩锚固区力学参数的作用，对锚杆的作用机理进行了分析[40,41]。单仁亮、郑赟等提出了"强帮强角"支护理念，核心思想是提高帮角支护强度，在分析巷道破坏机理的基础上，发现"强帮强角"可以使巷道形成良性的"应力循环圈"，有效地减小巷道的围岩变形，并在西山矿区得到了成功应用[42-45]。对于采空区下的巷道支护，高建军、张忠温、冯学武等根据近距离煤层间距的不同，提出了不同的支护形式，采空区下的巷道以锚杆支护为主，间距较大时可以使用锚索，间距较少时可以使用短锚索，或者只使用全长预应力锚杆进行支护[46-48]。勾攀峰等通过建立顶板塌落模型并开展冒落拱梁的近似力学受力分析，应用锚固技术加固顶板[49-51]。余伟健和高谦[52]对深部巷道复合顶板的力学性能特征进行了理论研究，提出了预应力桁架高强度锚索配合锚杆、锚索、钢筋网的综合支护技术。李桂臣[53]对地层中的软弱夹层及其与围岩稳定性的关系开展了细致的研究工作。康红普[54]分析了高强度锚杆杆体的力学性能和参数。

近年来，随着采矿技术理论的不断进步，围岩控制理论的发展表现出以下趋势。

(1) 由于采动影响和软岩大变形，以往的基于小变形的理论已经不能满足工程应用，需要将采动应力影响下的围岩流变大变形考虑进去[55]。

(2) 损伤力学为巷道围岩的稳定控制提供了思路[56,57]。巷道岩体受构造缺陷、开挖掘进扰动等附加应力的影响，致使巷道围岩体出现一定区域的塑性变形、损伤累积等。

(3) 随着电子计算机及现代测试技术的突飞发展，利用先进的电子仪器设备对岩体进行超前或实时监测，能够反映岩体真实状态，并考虑变形局部化和劣化的围岩本构模型是近年的研究热点之一。

(4) 长期大变形是动压巷道所面临的难题，虽然采用多种方法综合控制[58,59]，能够取得一定的效果，但是施工复杂、费用也较高，不利于推广，因此，还需要对巷道围岩控制开展深入且有针对性的研究。

1.2.3　泥质动压巷道围岩控制技术研究进展

目前动压作用巷道围岩控制技术以经典围岩控制技术为主，如锚杆支护、U型钢可缩性金属支架等[60-72]。

(1) 锚喷支护，即锚杆喷射混凝土。锚杆施工方便、造价低，机械化程度高，并能与其他支护方式联合，适用于较多的工程地质条件。近 30 年来锚喷支护发展迅速，也促使新型锚杆的研制和使用，如柔性锚杆、恒阻大变形锚杆、高强锚杆、快硬水泥锚杆、可拉伸锚杆、缝管锚杆等。但是对于泥质动压巷道，一般的锚喷支护效果不够理想，巷道片帮、掉顶、底臌现象常有出现[73-75]。

(2) 锚网喷支护，将锚杆、金属网片与喷射混凝土联合使用，通过增加金属网片来提高围岩控制效果。其实质还是锚杆支护，钢筋网、喷射混凝土起到辅助作用。巷道浅部围岩变形主要依靠锚杆控制，金属网片在一定程度上改善支护体的受力状况，增大混凝土喷层的力学抗变形能力，起到对破碎围岩的封闭和减缓岩体风化变形的作用。但是对于动压巷道，仅仅增加金属网片显然不能抵抗围岩带来的变形应力。一些单位在现场施工将单层钢筋网改为双层钢筋网，取得了一定的效果，具有较好的借鉴意义。因此，可以考虑改进钢筋网的结构形式，提高承载能力[76,77]。

(3) 金属支架，目前最常用的是可缩性 U 型钢支架，其良好的断面形状和几何参数，以及较好的搭接可缩性，使之成为金属支架的常用结构形式。但是，在深部泥质动压巷道支护中，表现出以下几点不足[78-81]：①U 型钢支架属于钢结构构件，自身稳定性不足，尤其是棚腿稳定性差，表现为实际承载力低，容易表现出棚脚踢出、接头损毁、失稳变形破坏等现象。②U 型钢可缩性支架对于泥质动压巷道大变形的适应性较差，其可缩量不能满足巷道变形的需要。变形严重的巷道，断面收缩率甚至达到了 60% 以上，这就对支护结构提出了新的要求。③U 型钢可缩性支架的变形破坏是由达到极限应力引起的，主要是弯曲应力。动压巷道支架由于承受较大的侧压力和不均匀荷载使支架丧失稳定性，大大降低了竖向承载能力。

由于巷道工程地质条件千差万别，影响泥质动压巷道围岩失稳的关键因素不尽相同，在巷道控制理论与技术方面仍需要深入研究。本书综合采用岩石力学试验测试、理论分析及数值模拟等手段，对泥质动压巷道变形破坏特征进行研究，探究动力扰动下诱发巷道围岩失稳破坏的因素，研究分析动载对试件的能量演化特征过程，试件破碎后分形维数的演化规律，并利用数值模拟研究巷道整体力学特征以及围岩在动载下的力学响应。在此基础上提出适合泥质动压巷道的支护技术方案，并完成现场监测和效果评价，对矿山安全生产具有重要的指导意义。

第2章 泥质动压巷道围岩地质力学特征

2.1 山脚树煤矿采区准备巷道

2.1.1 226轨道石门

1. 工程地质概况

山脚树煤矿位于贵州省盘州市盘关镇，煤系地层为上二叠统龙潭煤组，厚220～260m，均厚240m，含煤40～60层，其中可采和局部可采煤层12层，拥有不同粒度的碎屑岩，约占煤系地层的51.4%，泥岩约占33.5%。

226轨道石门位于核桃坪村西北侧约450m，地面标高+1809～+1865m，距地表垂深642～742m，巷道长度为712m。226轨道石门位置如图2-1所示，周边布置有22轨道、226回风石门、22运煤下山、221210工作面及22158工作面采空区，采掘关系复杂，剖面图如图2-2所示。

226轨道石门采用锚网索喷支护，断面尺寸为5200mm×3200mm，呈圆弧拱形，详细支护参数如图2-3所示。锚杆间排距为700mm×700mm，顶部锚杆采用

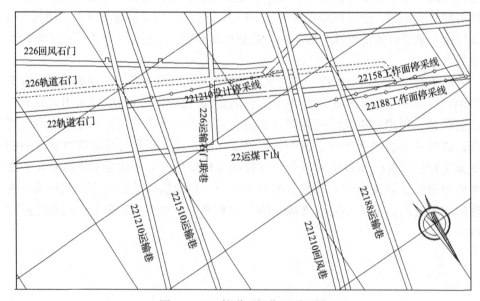

图2-1 226轨道石门位置平面图

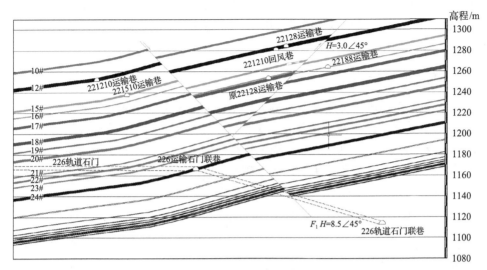

图 2-2　226 轨道石门位置剖面图

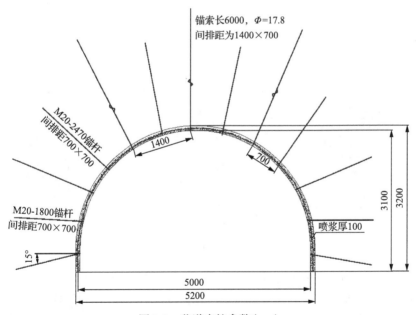

图 2-3　巷道支护参数(mm)

M20-2470 等强度全螺纹锚杆，每根锚杆采用 2 支 MSK2360 锚固剂。帮部采用 M20-1800 等强度全螺纹锚杆，每根锚杆采用 1 支 MSK2360 锚固剂，锚杆托盘规格为 140mm×140mm×10mm。铁丝网规格为 1.0×0.9m，由 10#铁丝编制，网孔为 50mm×50mm，网搭接长 100mm。顶锚索规格 Φ17.8mm×6000mm，间排距

1400mm×700mm，呈"3-2-3"布置，每孔采用 3 支 MSK2360 锚固剂，配备 300mm×300mm×14mm 方形铁托盘。锚梁采用 12 号圆钢制作，锚孔眼距为 0.7m，锚梁长 5.7m，根据现场截成相应长度使用。

2. 围岩裂隙发育情况

226 轨道石门围岩强度低，受到上覆工作面多次采动及邻近巷道掘进影响，引发应力多次调整，加剧了巷道围岩变形。2019 年 6 月，226 轨道石门与 226 运输石门联巷的交叉口扩刷完成后，尚未进行架棚支护，布置了 3 个断面 9 个钻孔进行钻孔窥视。监测设备采用贵州大学矿业学院的 CXK12（A）Z 型钻孔窥视仪。典型窥视结果如图 2-4 所示。

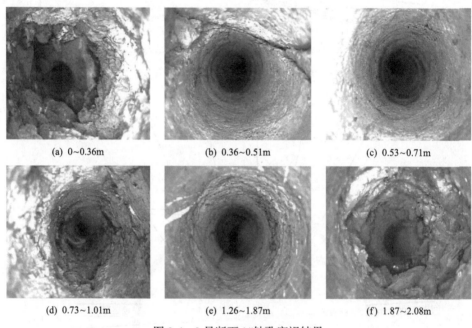

(a) 0～0.36m　　　　　　(b) 0.36～0.51m　　　　　　(c) 0.53～0.71m

(d) 0.73～1.01m　　　　　(e) 1.26～1.87m　　　　　　(f) 1.87～2.08m

图 2-4　2 号断面 1#钻孔窥视结果

1#窥视孔实测孔深 6.0m，孔口段 0～0.36m 岩石破碎极为严重，0.36～0.51m 纵向裂隙发育明显，0.53～0.71m 岩石相对完整，0.73～1.01m 岩石破碎严重，1.26～2.89m 裂隙大量发育，其中 1.87～2.08m 处为岩石破碎带，2.89m 以后无裂隙发育。由探测数据可以发现，巷道围岩呈现分区破裂现象，在 0～2.89m 范围内存在多处破碎带，该孔松动圈范围确定为 2.89m。

根据窥视结果，1 号断面巷道松动圈范围为 3.4m，2 号断面巷道松动圈范围为 4m，3 号断面巷道松动圈范围为 3.35m。此外，孔口段岩石极其破碎，应注重巷道浅层围岩注浆加固；在松动圈范围内出现较多大范围的破碎带，巷道围岩整体较为破碎，应加大深部围岩注浆力度，将破碎围岩重新胶结，提高围岩的强度和承载能力。综上所述，巷道松动圈范围在 3.4～4m，巷道围岩有大量的环向、纵向裂隙，塌孔现象十分明显。

3. 巷道围岩位移

2019 年 1 月在 226 轨道石门布置 4 组测点，观测巷道表面位移，如图 2-5 所示。

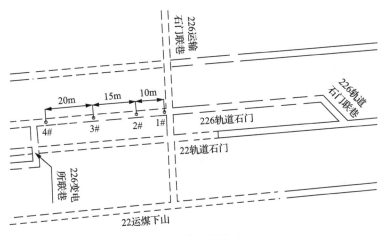

图 2-5　表面位移测点布置图

巷道两帮变形量在 530～850mm，顶底变形量在 790～980mm。其中，1#点、2#点、3#点和4#点顶底变形量分别为 930mm、850mm、880mm、980mm，以 1# 点为例进行分析。

通过图 2-6 和图 2-7 可以看出，巷道顶板下沉速度远远大于底板变形速度，

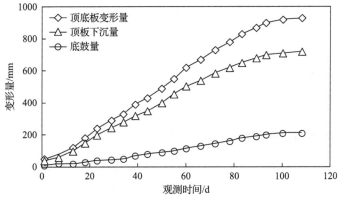

图 2-6　1#点顶底板变形曲线

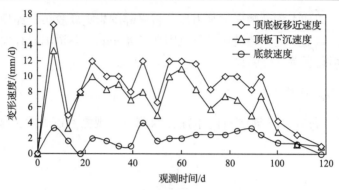

图 2-7　1#点顶底板变形速度曲线

顶底移近量以顶板下沉量为主，在观测期内顶板下沉量为 720mm，占顶底板变形量的 73.5%。顶板下沉最大速度为 13.3mm/d，平均下沉速度为 6.1mm/d，底板最大变形速度为 3.3mm/d，平均速度为 1.78mm/d。

　　通过图 2-8 和图 2-9 可以看出，巷道左帮变形速度大于右帮变形速度。左帮在观测期内变形量为 522mm，占两帮变形量的 61.4%。左帮最大变形速度为

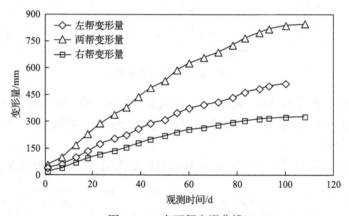

图 2-8　1#点两帮变形曲线

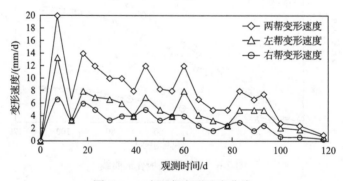

图 2-9　1#点两帮变形速度曲线

13.3mm/d，平均变形速度为 4.42mm/d，右帮最大变形速度为 6.6mm/d，平均变形速度为 2.78mm/d。

4. 锚杆索载荷

采用锚杆无损检测仪共检测了 11 个测站 55 根锚杆索的工作荷载，监测结果见表 2-1。

表 2-1　锚杆索工作荷载检测结果

测站编号	左帮锚杆/kN	右帮锚杆/kN	左肩锚杆/kN	右肩锚杆/kN	顶部锚索/kN	高度/m	宽度/m
1#	1.5	9.8	68.8	14.9	5.7	2.6	3.3
2#	7.0	24.8	7.7	66.0	266.3	2.7	3.7
3#	7.5	47.7	4.3	15.5	57.7	2.8	3.4
4#	10.0	33.7	8.7	15.5	1.5	2.9	3.4
5#	6.6	21.6	24.0	6.1	84.9	2.5	4.4
6#	61.2	3.4	63.9	61.7	78.6	2.6	4.5
7#	4.9	8.1	30.8	69.8	15.1	2.9	4.2
8#	3.6	37.6	25.5	38.8	7.1	2.8	4.9
9#	5.6	10.2	54.5	49.8	3.5	2.6	4.8
10#	8.5	2.9	68.7	11.3	15.7	2.5	4.5
11#	5.5	53.6	12.5	2.6	8.5	2.5	5.5

从检测结果可以看出，锚杆的工作荷载不超过 70kN，其中 18 根锚杆的工作载荷小于 10kN，工作荷载超过 60kN 的锚杆仅有 6 根，而 40kN 以内的锚杆 41 根约占 75%，如图 2-10 所示。同一测站中肩窝锚杆工作载荷较大，帮部锚杆工作载

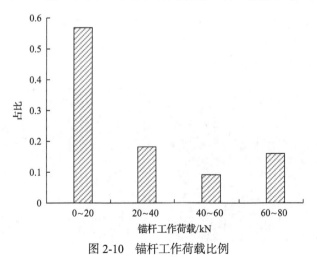

图 2-10　锚杆工作荷载比例

荷较小，且左帮及左肩的工作载荷通常小于右帮及右肩。此外，顶锚索工作载荷小于 60kN 的有 8 根，占锚索总数的 73%，表明 226 轨道石门锚杆索的锚固质量整体较差，锚固能力没有得到充分发挥，原因主要在于围岩松动破坏范围大，导致锚固力出现了衰减甚至丧失。

5. 巷道变形破坏特征

通过大量的现场观测，归纳总结 226 轨道石门变形破坏特征如下。

(1) 巷道全断面收敛。226 轨道石门穿过多层煤线，围岩松软破碎，强度较低，巷道出现全面收敛现象，原断面 5200mm×3200mm，变形后使得部分断面不能行人，如图 2-11 所示。

图 2-11　巷道全断面收敛图

(2) 巷道顶板整体下沉严重。巷道顶板多为破碎软弱岩层，稳定性极差，顶板下沉量通常超过 400mm，部分地段甚至超过 1000mm，顶板整体出现了下沉现象。锚杆索随顶板下沉出现同步下沉，网兜现象普遍，顶板发生较为明显的碎胀扩容（图 2-12），维护难度大大增加。

(3) 巷道帮部岩体松散。因巷道顶板为较破碎软弱岩层，顶板应力不断向两帮转移，使得帮部松动破坏范围不断扩大，稳定性较差，两帮的煤岩体持续向巷道空间移动，出现较为严重的网兜现象。

图 2-12　巷道顶板破坏图

（4）巷道底鼓明显。226 轨道石门埋深超过 600m，在较高的原岩应力和采动应力双重作用下，巷道底板产生了较为严重的变形，底板变形量大于 200mm，导致轨道侧歪，影响正常生产（图 2-13）。

图 2-13　巷道底板变形图

2.1.2　1200 运输平巷

1. 工程地质概况

1200 运输平巷位于山脚树煤矿采一区，属于采一区主要运输巷道，巷道距地表约 800m。1200 运输平巷布置平面图如图 2-14 所示，在其上方的 18#、15#、12#等煤层中布置有大量的回采巷道，周边采掘关系较为复杂。

巷道沿 20#煤层布置，20#煤层平均厚 1.29m，块状夹粉粒状，半暗型，其底板为 1.04m 泥岩，呈灰褐色至浅灰色，薄至中厚层状，交错层理，间夹薄层粉砂质泥岩，富含植物化石碎屑。20#煤层顶板为 1.85m 厚的粉砂岩及 1.25m 厚的泥岩，顶板泥岩质地软，含有交错层理。综合柱状图如图 2-15 所示。

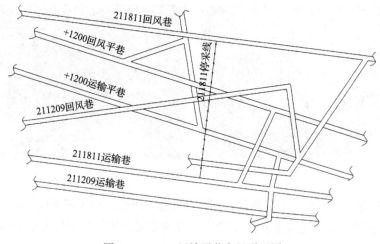

图 2-14　1200 运输平巷布置平面图

2. 围岩裂隙发育情况

在 1200 运输平巷破坏段每隔 15m 布置一个测站，每个测站在巷道肩窝上及顶部布置 3 个窥视钻孔，钻孔深度 9m，窥视钻孔的位置如图 2-16 所示。

从图 2-17 的钻孔窥视结果可以看出，1200 运输平巷在钻孔深度 1m 范围围岩极为破碎；钻孔深度 1.5m 左右围岩发育较大的环向裂隙；钻孔深度 2.5m 范围存在较小裂隙；钻孔深度在 7m 范围有少量的环向裂隙。通过钻孔窥视表明，1200 运输平巷顶部围岩发育大量的裂隙，巷道围岩松动破坏范围在 3m 左右。分析其原因在于 1200 运输平巷围岩本身强度较低，含有大量的节理裂隙，在原岩应力和多次采动影响下，节理等弱结构面相互贯通，形成较大的裂隙，围岩碎胀扩容，导致巷道出现大变形现象。

3. 巷道变形破坏特征

1200 运输平巷为直墙半圆拱形，巷道垂高为 3500mm，底宽为 5200mm，现场调研发现巷道经过多次维修，且矿方采用了多种巷道支护方式，巷道依然变形破坏严重，矿压呈现剧烈，巷道顶部下沉明显，部分段出现冒顶现象，如图 2-18 所示。采用 U 型钢支护的地段出现两帮及顶部严重收缩，U 型钢折弯，填充 U 型钢和巷道表面之间的短木出现折断，围岩持续向巷道空间膨胀，两帮变形甚至超过 1500mm，顶部变形近 1500mm，行人困难。采用锚网喷支护的地段巷道顶部锚索拉断，锚杆从钻孔中脱离，且都存在折弯现象，两帮严重片帮，顶部出现鼓包，需要进行木点柱支护，巷道底板凹凸不平，严重影响煤炭运输。

柱状	层厚/m	岩石名称	岩性描述
	4.31	泥质粉砂岩	灰色夹深灰色，薄至中厚层状，交错层理，偶见方解石细脉，局部间夹薄层粉砂岩，偶见碳质镜面
	2.48	15#煤	黑色，块状夹粉粒状，半暗型，沥青光泽，平坦状断口
	2.82	粉砂岩	灰色，中厚层状，交错层理，偶见泥质条带，偶见方解石细脉及植物碎屑化石
	1.18	16#煤	黑色，块状，半暗型，沥青光泽，平坦状断口
	5.52	泥质粉砂岩	灰色，薄层状，交错层理，节理裂隙发育，偶见挤压滑面，偶见方解石细脉
	0.99	17#煤上	黑色，块状，半暗型，沥青光泽，参差状断口
	5.17	粉砂岩	灰色，薄至中厚层状，交错层理，局部间夹薄层泥岩，偶见植物碎屑化石，偶见碳质镜面及条带状方解石
	1.49	17#煤中	黑色，块状，半暗型，沥青光泽，内生裂隙较发育，含夹矸
	0.4	泥岩	黑色，块状，半暗型，沥青光泽，参差状断口
	1.99	泥质粉砂岩	灰色，薄至中厚层状，交错层理，偶夹砂质包裹体，节理裂隙较发育
	0.6	碳质泥岩	黑色，薄层状，偶见挤压滑面，偶见亮煤线理，岩心块状
	0.99	17#煤下	黑色，块状，半暗型，沥青光泽，平坦状断口
	7.02	粉砂岩	灰色，薄至中厚层状，交错层理，偶见条带状方解石，偶夹碳质纹层
	0.3	碳质泥岩	黑色，薄层状，夹亮煤线理及网络状方解石
	3.15	粉砂岩	灰色夹浅灰色，中厚层状，交错层理，见植物化石碎屑，夹泥质条带
	0.65	煤	黑色，块状，半暗型，平坦状断口，夹亮煤线理
	2.18	粉砂岩	灰色，薄至中厚层状，水平层理，含植物化石碎屑，岩心短柱状
	0.99	泥质粉砂岩	灰色，薄层状，水平层理，偶见植物化石碎屑，岩心块状
	3.06	18#煤	黑色，块状，半暗型，沥青光泽，内生裂隙较发育，含夹矸
	1.25	泥岩	灰白色，薄层状，质松软，节理裂隙发育，岩心块状
	1.85	粉砂岩	灰色，中厚层状，交错层理，偶见泥质条带，偶见方解石细脉及植物碎屑化石
	1.29	20#煤	黑色，块状夹粉粒状，半暗型，内生裂隙较发育
	1.04	泥岩	灰褐色至浅灰色，薄至中厚层状，交错层理，间夹薄层粉砂质泥岩，富含植物化石碎屑
	2.48	粉砂岩	灰色至灰黑色，中厚层状，交错层理，富含植物化石碎屑，底部夹约20cm碳质泥岩

图 2-15　岩层柱状图

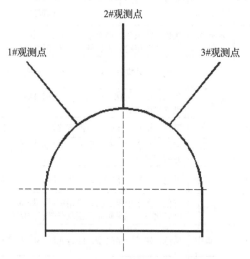

图 2-16　钻孔窥视观测点示意图

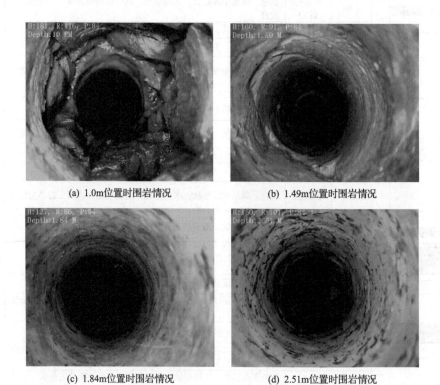

(a) 1.0m位置时围岩情况　　　　　　　　(b) 1.49m位置时围岩情况

(c) 1.84m位置时围岩情况　　　　　　　　(d) 2.51m位置时围岩情况

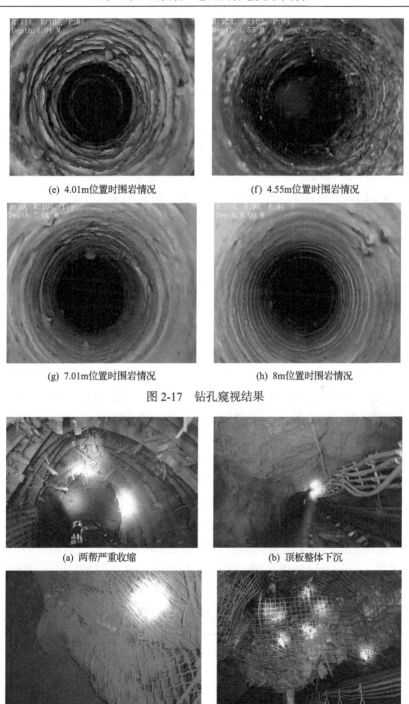

(e) 4.01m位置时围岩情况　　　　　　(f) 4.55m位置时围岩情况

(g) 7.01m位置时围岩情况　　　　　　(h) 8m位置时围岩情况

图 2-17　钻孔窥视结果

(a) 两帮严重收缩　　　　　　(b) 顶板整体下沉

(c) 严重偏帮　　　　　　(d) 冒顶鼓包

图 2-18　巷道变形破坏特征

2.1.3　裂隙试件三轴压缩实验

根据国内外专家的岩石力学研究成果，一般将应变率荷载分为五大类。应变率小于 $10^{-5}s^{-1}$ 为蠕变应变率，应变率在 $10^{-5}s^{-1}\sim10^{-1}s^{-1}$ 为准静态应变率，应变率在 $10^{-1}s^{-1}\sim10^{0}s^{-1}$ 为准动态应变率，应变率在 $10^{0}s^{-1}\sim10^{1}s^{-1}$ 为动态应变率。大量学者研究应变率主要考虑地质、爆破等冲击对岩石动力曲线特征的影响，但针对煤矿的采动影响主要处于应变率在 $10^{-5}s^{-1}\sim10^{-1}s^{-1}$ 准静态过程，因此在准静态加载速率下对岩石抗压强度及其他力学参数研究具有重要作用。

通过文献查询，大量学者[82-85]研究了不同加载速率下煤岩、大理岩、花岗岩等在单轴压缩或有围压参与的伪三轴压缩下的岩石力学特性，结果表明实验过程中加载速率越高，岩石材料力学表现出更高抗压强度，与此同时在岩石峰值后破碎将会更加严重。部分学者研究了不同加载速率下抗拉和抗压强度的比值，结果表明抗拉和抗压强度的比值将会随着加载速率的增加而增大。针对目前研究成果，对岩石不同加载速率研究主要考虑岩石抗压强度、抗拉强度以及抗剪强度的效应，但基本未完全模拟岩石在原始状态到人工开挖围岩围压卸压后的完整过程，同时对不同加载速率下能量变化规律以及能量-损伤变化规律研究较少，大多是对岩石强度开展定性讨论。因此本节在设计试验方案中先对岩石试件进行三轴加压，模拟岩石所处的应力环境，然后卸载围压，模拟人工开采围岩卸压过程，可为揭示不同加载速率下岩石能量转移以及损伤的影响机制提供较好的研究基础。

1200 运输平巷受到高原岩应力和多次采煤工作面采动影响，诱发巷道变形破坏，因此对 1200 运输平巷顶板岩石开展不同围压及加载速率下的三轴力学实验。为了真实反映岩石受载过程，首先对试件做预裂处理(图 2-19)，主要过程如下：①通过应力控制模式设置试验机 σ_3 为 20MPa，应力点从 O 点移至 A 点，此过程模拟巷道在挖之前的真实应力状态；②当应力点达到 A 点后，采用应力控制以一定速率卸载 σ_3 至围压 15MPa，此过程同时持续增加 σ_1，且增加的 σ_1 至峰值强度的 50%～70%，该过程模拟巷道开挖过后的应力调整(A—B 段)；③当应力点到 B 点时，通过应力控制将 σ_1 降低至与 σ_3 相同值后(防止试件破坏)，再同时卸载至 0MPa，该过程将试件形成裂隙试件(B—O 段)。

1. 实验方案

考虑巷道开挖以及工作面回采的整个过程，将岩体受载共分为三个主要阶段。第一阶段：高应力三轴加载阶段，该阶段模拟深部岩体的原岩应力状态以及原岩损伤过程。第二阶段：应力卸载过程，该阶段模拟深部岩体在原岩应力状态下巷

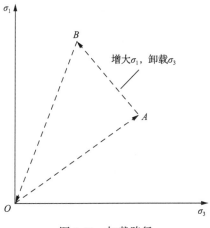

图 2-19　加载路径

道开挖卸载过程中形成裂隙。第三阶段：低围压不同速率加载阶段，该阶段模拟工作面开采影响，再次对裂隙试件进行低围压和高垂直应力加载。

　　本次实验采用贵州大学土木工程学院 DSZ-1000 型力学实验系统，如图 2-20 所示，最大静态主压力达到 1000kN，测力分辨率达到 10N，测量精度达±0.5%FS，垂直主压最大形成达到 300mm，最大静围压达到 60MPa。该系统控制方式共有三种：力控制、位移控制、应变控制。

图 2-20　DSZ-1000 型力学实验系统

　　共设置了三种加载速率和三种围压，围压分别为 1MPa、2MPa、3MPa，设置主轴加载速率分别为 0.3mm/min、0.6mm/min、1.8mm/min。实验方案见表 2-2。

表 2-2　试件加载方案

实验方案	围压设定值	轴向加载速率
初始测试方案	保持 30MPa	0.6MPa/min
方案 1	1MPa	0.3mm/min
方案 2	1MPa	0.6mm/min
方案 3	1MPa	1.8mm/min
方案 4	2MPa	0.3mm/min
方案 5	2MPa	0.6mm/min
方案 6	2MPa	1.8mm/min
方案 7	3MPa	0.3mm/min
方案 8	3MPa	0.6mm/min
方案 9	3MPa	1.8mm/min

2. 强度特征分析

1) 初始损伤分析

在初始测试方案中，围压设置为 30MPa，轴向加载速率设置为 0.6MPa/min，试件发生破坏时的应力达到 246.35MPa，选择 50%~70%的最大应力值对试件进行预裂加载，因此采用 100MPa 轴压和 15~20MPa 围压进行试件的预加载。

岩石的变形破坏实质是其内部的微裂隙产生、扩展、连接、贯通和滑移的过程，岩石在产生新裂隙时需要吸收能量，而裂隙间的滑移摩擦将消耗能量，所以，岩石的变形破坏过程是能量积聚与耗散的过程。因此，能量的积聚与耗散最终导致了岩石的变形和破坏，而能量的耗散是造成试件内部结构产生损伤的主要原因。考虑变形破坏过程中岩石受到不同程度的损伤，定义初始损伤度为预加载过程中耗散能量与总能量的比值。图 2-21 为典型试件预加载过程的应力-应变曲线，当应力加载到设定载荷再卸载时，卸载曲线并不沿着原来的加载曲线路径返回。根据应力-应变曲线可以计算耗散能量和总能量，图中典型试件的初始损伤度分别为 0.13、0.11、0.12，由此可以看出预加载过程形成裂隙试件，初始损伤度平均为 0.12，可以有效模拟巷道开挖对围岩造成的损伤。

2) 强度特征

如图 2-22 所示，方案 1(围压 1MPa，轴压 0.3mm/min)共测试了两组，轴向应力值范围为 110~132MPa，平均强度为 121MPa；方案 2(围压 1MPa，轴压 0.6mm/min)共测试了两组，轴向应力值范围为 111~169.9MPa，平均强度达到 140MPa；方案 3(围压 1MPa，轴压 1.8mm/min)共测试了 1 组，轴向应力值达到

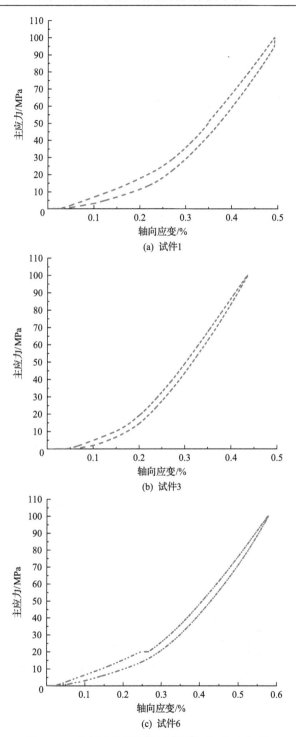

图 2-21　典型试件预加载过程的应力-应变曲线

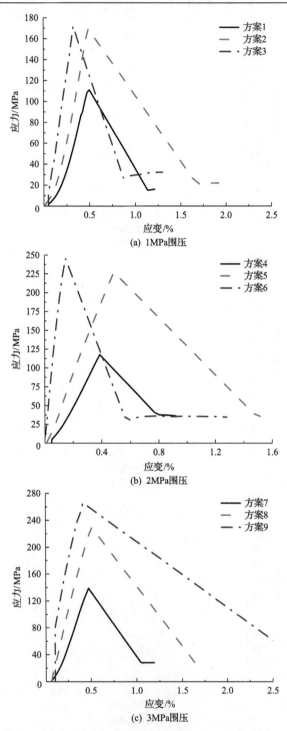

图 2-22　不同围压下试件应力-应变曲线

173.9MPa；方案 4(围压 2MPa，轴压 0.3mm/min)共测试了两组，轴向应力值范围为 110～120MPa，平均强度达到 115MPa；方案 5(围压 2MPa，轴压 0.6mm/min)共测试了 2 组，轴向应力值范围为 98.22～227MPa，平均强度达到 162MPa；方案 6(围压 2MPa，轴压 1.8mm/min)共测试了 1 组，轴向应力达到 246MPa；方案 7(围压 3MPa，轴压 0.3mm/min)共测试了 2 组，轴向应力值范围为 139～142MPa，平均强度达到 140MPa；方案 8(围压 3MPa，轴压 1.8mm/min)共测试了 3 组，轴向应力值范围为 109～249MPa，平均强度达到 195MPa；方案 9(围压 3MPa，轴压 1.8mm/min)共测试了 3 组，轴向应力值范围为 170～248MPa，平均强度达到 211MPa。综上所说，围压越大，岩石强度表现出更高的强度，同时加载速率越大，岩石也将表现出更高的强度。

从图 2-23 中可以看出，随着加载速率的增加，岩石的峰值强度增大，围压 1MPa 加载速率 0.3mm/min 时试件峰值强度为 110.96MPa，弹性模量为 34204.22MPa，加载速率 1.8mm/min 时试件峰值强度为 171.83MPa，弹性模量为 58745.51MPa，抗压强度增加了 54.8%，弹性模量增加了 71.7%；围压在 2MPa，加载速率 0.3mm/min 时试件峰值强度为 117.67MPa，弹性模量为 38207.58MPa，加载速率 1.8mm/min 时试件峰值强度为 245.45MPa，弹性模量为 38207.58MPa，峰值强度增加了 108.5%，弹性模量增加了 41.2%；围压在 3MPa，加载速率 0.3mm/min 时试件峰值强度为 138.7MPa，弹性模量为 37968.94MPa，加载速率 1.8mm/min 时试件峰值强度为 265.86MPa，弹性模量为 37968.94MPa，峰值强度增加了 91.6%，弹性模量增加了 63.5%。可以看出，在围压相同的条件下，加载速率越快，试件的峰值强度将得到明显的增加，同时其弹性模量也随之增加。

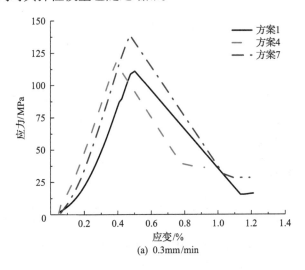

(a) 0.3mm/min

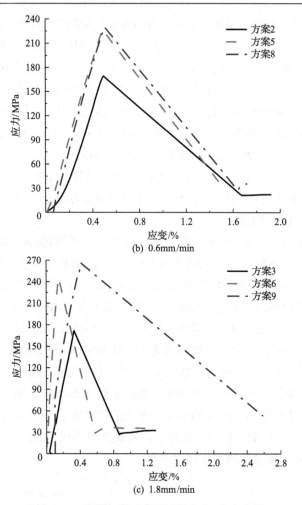

图 2-23　不同加载速率下试件应力-应变曲线

3）试件破坏形态

图 2-24 为试件破坏后的照片，试件主要为剪切破坏。加载速率较低时，试件裂隙较小，随着加载速率的增加，试件裂隙数量逐渐增多，且在两端产生锥体，表面有大小不均的岩块脱落，且碎屑居多。

3. 特征应力分析

Martin 等对岩石力学实验开展了深入研究，发现在岩石破坏过程中裂隙发育分为四个阶段，分别为裂纹闭合阶段、裂纹起裂阶段、裂纹扩展阶段及交互贯通阶段[86,87]。在试件裂纹闭合阶段，由于岩石试件具有自身的缺陷，试验机加载首先发生裂纹闭合压密，该过程将会产生一个应力阈值记为裂纹闭合应力 σ_{cc}；当试

(a) 围压1MPa　　　　　　　　　　　　　(b) 围压2MPa

(c) 围压3MPa

图 2-24　试件破坏后的照片

验机加载至应力阈值后，表明试件内部已经发生了完全闭合将进入裂纹起裂阶段，该阶段主要由岩石的弹性模量及泊松比等力学参数控制应力-应变曲线。随着试件的应力不断增大，试件内部将会有稳定的新生裂纹，此过程为裂纹扩展阶段，试件开始启裂时应力记为启裂应力 σ_{ci}，启裂应力大致为试件峰值强度的 30%～60%；当试件应力持续增加后，岩石内部将出现不稳定裂隙扩展，此时对应的应力为损伤应力 σ_{cd}，试件达到损伤应力后内部裂隙将会一直处于不稳定状态，学术界也将损伤应力 σ_{cd} 作为岩石的长期强度；试件在损伤应力过后，内部裂隙不断发生交互贯通，由大量的微观裂隙逐渐向宏观裂隙和剪切带发展，最终试件发生宏观破坏，此时试件达到峰值强度 σ_p。

确定特征应力值的方法主要有体积应变法和声发射法。对于常规力学实验，可通过体积应变 ε_v 曲线近似计算：

$$\varepsilon_v \approx 2\varepsilon_1 + \varepsilon_2 \tag{2-1}$$

式中：ε_1 表示试件在实验过程中的环向应变；ε_2 表示轴向应变。当试件受到外力时，内部裂隙将会发生闭合、启裂、扩展及交互贯通，体积应变曲线将会发生偏移拐点，为损伤应力 σ_{cd} 及峰值强度 σ_p，而环向应变曲线所对应的应力点为闭合应力 σ_{cc}、启裂应力 σ_{ci}、如图 2-25 所示，特征应力值见表 2-3。

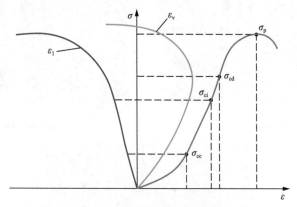

图 2-25　特征应力示意图

表 2-3　试件特征应力汇总

方案	σ_{cc}/MPa	σ_{ci}/MPa	σ_{cd}/MPa	σ_p/MPa	σ_{cc}/σ_p	σ_{ci}/σ_p	σ_{cd}/σ_p
方案 1	12.35	46.47	109.13	111.16	0.111	0.418	0.982
方案 2	18.08	61.17	132.96	169.8	0.106	0.360	0.783
方案 3	42.8	98.18	158.12	172.65	0.248	0.569	0.916
方案 4	14.36	57.44	116.05	118.03	0.122	0.487	0.983
方案 5	22.51	78.29	230.67	231.19	0.097	0.339	0.998
方案 6	48	120.35	219.1	246.31	0.195	0.489	0.890
方案 7	17.05	58.076	138.58	139.14	0.123	0.417	0.996
方案 8	23.01	113.15	226.9	229.71	0.100	0.493	0.988
方案 9	50.43	130.03	243.24	265.86	0.190	0.489	0.915

　　从图 2-26 中可以看出，随着围压的增大，特征应力均有不同程度的增加，表明围压对试件扩容有抑制作用，高围压时，体积应变拐点将会往后推延，因此试件启裂应力及损伤应力将会增大。从图 2-26(a)中可以看出，闭合应力与加载速率呈现良好的线性关系；从图 2-26(b)可以看出，启裂应力随着加载速率的增大而增加，围压 1MPa 与 2MPa 的启裂应力依然能保持良好的线性关系。从图 2-26(c)可以看出，三种围压下，试件的损伤应力均随着加载速率的增大而增大，且围压越大损伤应力越高。

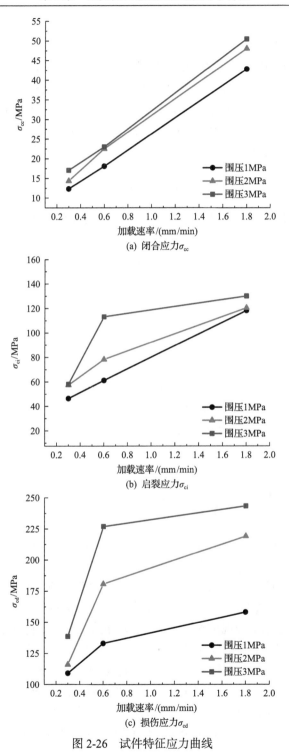

(a) 闭合应力σ_{cc}

(b) 启裂应力σ_{ci}

(c) 损伤应力σ_{cd}

图 2-26　试件特征应力曲线

4. 能量特性分析

能量积聚与耗散是导致物质发生破坏的实质，谢和平院士认为岩石的整体破坏是由耗散能导致局部破坏直至整体变形破坏。试验机加载对试件做功，试件不断积聚能量，而能量的耗散主要表现在岩石内部的结构面之间摩擦和微观颗粒间的挤压。假设试件没有其他形式的能量进行交换，将试验机对试件做的功记为 U，U_e 记为试件在试验过程中的弹性应变能，U_d 记为耗散能，满足以下关系：

$$U = U_d + U_e \tag{2-2}$$

对于弹塑性体，在三轴状态下其能量输入可由式(2-3)表示：

$$U = \int_0^{\varepsilon_1} \sigma_1 d\varepsilon_1 + \int_0^{\varepsilon_2} \sigma_2 d\varepsilon_2 + \int_0^{\varepsilon_3} \sigma_3 d\varepsilon_3 \tag{2-3}$$

式中：σ_1 表示试件受到的轴向应力，MPa；σ_2、σ_3 表示试件受到的围压，MPa；ε_1 表示轴向应变；ε_2、ε_3 表示试件的环向应变，$\varepsilon_2 = \varepsilon_3$。对于岩石试件质地坚硬较脆时，其应变能为

$$U_e = \int_{\varepsilon_p}^{\varepsilon_i} \sigma_i d\varepsilon_i \tag{2-4}$$

式中：σ_i 表示为岩石试件瞬时应力，MPa；ε_i 表示岩石试件瞬时应变。

对于假三向压缩，围压 $\sigma_2 = \sigma_3$，岩石试件实际吸收的能量为

$$U = \int \sigma_1 d\varepsilon_1 + 2\int \sigma_3 d\varepsilon_3 = \sum_{i=1}^{n} \frac{1}{2}(\sigma_{1i} + \sigma_{1i-1})(\varepsilon_{1i} - \varepsilon_{1i-1}) - 2\sum_{i=1}^{n} \sigma_3(\varepsilon_{3i} - \varepsilon_{3i-1}) \tag{2-5}$$

对于三轴应力状态，弹性应变能由轴向和环向两部分组成，其中环向弹性应变能较小，可忽略不计，因此仅考虑轴向的弹性应变能。

从图 2-27 中可以看出，在峰值强度之前，试件吸收的绝大部分能量都转化为弹性应变能，约占总能量的 75.5%～93.4%，仅有小部分能量转化为塑性耗散能。由于试件在较高加载速率下表现出脆性破坏，在峰值应力后，试件发生瞬时破坏，弹性能急剧降低，大部分能量都以耗散能方式释放。随着围压的增加，弹性应变能不断增加，表明围压能够抑制试件的环向变形，迫使轴向应力增大，使得弹性应变能增大。如方案 3 中的围压 1MPa 所积累的弹性应变能为 18.78kJ/m³，围压增大到 3MPa，弹性应变能增大至 47.06kJ/m³，增加了 150.58%，当试件发生破坏后，塑性耗散能占总能量的 99% 以上，表示几乎全部能量都以塑性耗散能方式释放。

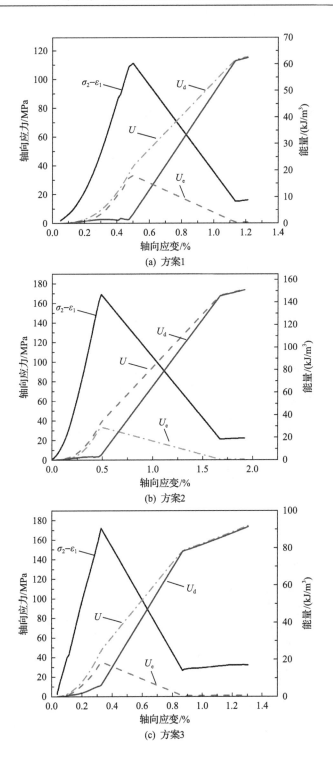

(a) 方案1

(b) 方案2

(c) 方案3

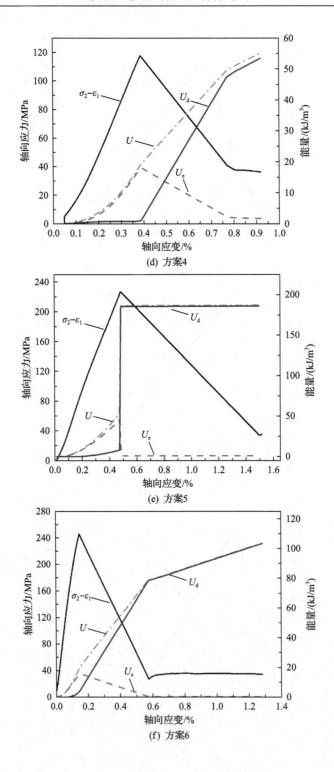

(d) 方案4

(e) 方案5

(f) 方案6

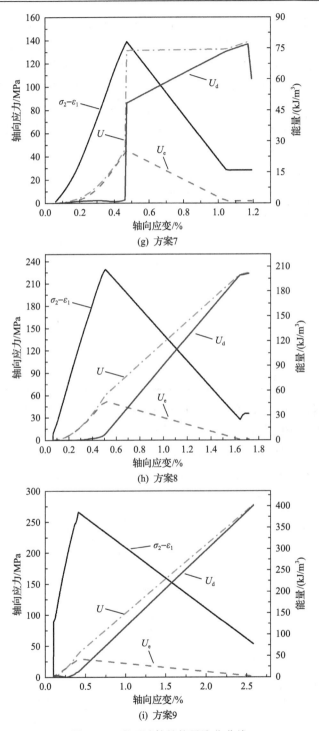

(g) 方案7

(h) 方案8

(i) 方案9

图 2-27　岩石试件的能量演化曲线

能量汇总如表 2-4 所示。可以看出，围压 1MPa，加载速率为 0.3mm/min，弹性应变能转化了 83.6%，加载速率上升至 0.6mm/min 时，弹性应变能转化率达 87.1%，加载速率上升至 1.8mm/min 时，弹性应变能转化率下降至 75.5%；围压 2MPa，加载速率为 0.3mm/min、0.6mm/min、1.8mm/min，弹性应变能分别转化了 94.57%、84.63%、78.44%；围压 3MPa，加载速率为 0.3mm/min、0.6mm/min、1.8mm/min，弹性应变能分别转化了 93.44%、86.02%、82.40%。随着试件轴向加载速率的不断增加，试件弹性应变能转化率不断降低。

表 2-4 能量汇总表

围压/MPa	加载速率/(mm/min)	总能量/(kJ/m³)	弹性能/(kJ/m³)	耗散能/(kJ/m³)
1	0.3	21.54	18.00	3.54
1	0.6	33.46	29.15	4.31
1	1.8	24.86	18.78	6.08
2	0.3	19.16	18.12	1.04
2	0.6	54.31	45.96	8.35
2	1.8	20.27	15.90	4.37
3	0.3	25.92	24.22	1.70
3	0.6	54.71	47.06	7.65
3	1.8	45.39	37.40	7.99

弹性应变能占比表示试件在三轴压缩过程中弹性变形所吸收的能量比值，可以分析试件能量积聚过程。图 2-28 为峰值前弹性应变能占比与应变关系。

从图 2-28 中可知，试件在加载至峰值应变的 30%～40%时，弹性应变能占比急剧增大，呈现直线上升趋势，当加载至峰值应变 70%左右，试件的弹性应变能占比开始缓慢增长，逐渐趋于一个稳定的最大值，并保持一段时间，随后弹性应

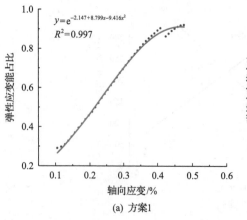

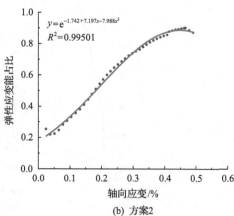

(a) 方案1　　　　　　　　　(b) 方案2

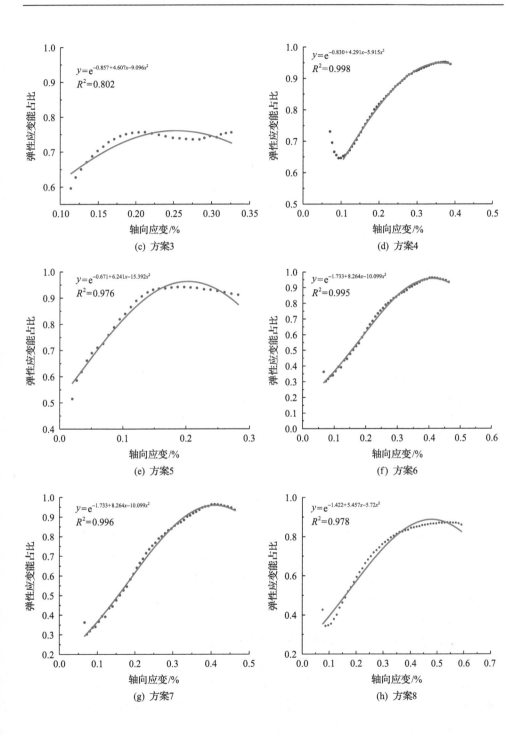

(c) 方案3　　　　　　　　　　　　(d) 方案4

(e) 方案5　　　　　　　　　　　　(f) 方案6

(g) 方案7　　　　　　　　　　　　(h) 方案8

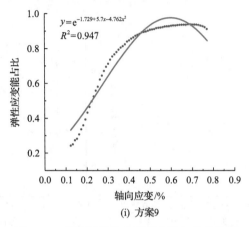

(i) 方案9

图 2-28　峰值前弹性应变能占比与应变关系

变能占比逐渐降低。整体而言，试件弹性应变能积聚呈现以自然常数 e 的指数函数的复合函数，其变化明显为非线性过程。

5. 碎屑"粒度-数量"分形维数

为了获得每个岩石碎屑的长、宽、高及粒径，对粒径大于 5.00mm 的碎屑进行统计，并采用游标卡尺测量其长、宽和高，每个参数测量 3 次，并取其平均值，以消除误差影响。不同围压下试件碎屑分类如图 2-29～图 2-31 所示。

将所测粒径 5mm 以上碎屑的长、宽、高(分别为 l、w、h)根据以下公式换算成等效正方体的等效边长：

$$N = N_0 \left(\frac{L_{eq}}{L_{eqmax}} \right)^{-D} \tag{2-6}$$

式中：N 表示所有碎屑的等效边长；N_0 表示具有最大特征尺度的碎屑数量；$L_{eq} = (l \times w \times h)^{1/3}$；$L_{eqmax}$ 表示最大颗粒体积；D 为分形维数。当用 $\lg N$-$\lg(L_{eqmax}/L_{eq})$ 绘图时，其斜率就是分形维数。采用 Origin 数据处理软件绘制不同试件的 $\lg N$-$\lg(L_{eqmax}/L_{eq})$，如图 2-32 所示，并用其数据分析功能对数据进行拟合处理，拟合曲线方程及分形维数见表 2-5，结果保留四位小数。

根据表 2-5 中数据，相同围压下，试件碎屑分形维数均随主应力加载速率的增大而减小。当围压为 1MPa 时，随着主应力加载速率由 0.3mm/min 增加到 1.8mm/min，岩石试件碎屑分形维数由 3.0551 降低至 1.8595，减少了 39.1%；当围压为 2MPa 时，随着主应力加载速率由 0.3mm/min 增加到 1.8mm/min，岩石试件碎屑分形维数由 2.6308 降低至 1.6921，减少了 35.7%；当围压为 3MPa 时，随着主应力加载速率由 0.3mm/min 增加到 1.8mm/min，岩石试件碎屑分形维数由

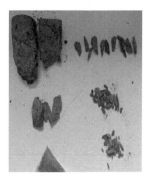

(a) 0.3mm/min　　　　　　(b) 0.6mm/min　　　　　　(c) 1.8mm/min

图 2-29　围压 1MPa 时试件碎屑分类

(a) 0.3mm/min　　　　　　(b) 0.6mm/min　　　　　　(c) 1.8mm/min

图 2-30　围压 2MPa 时试件碎屑分类

(a) 0.3mm/min　　　　　　(b) 0.6mm/min　　　　　　(c) 1.8mm/min

图 2-31　围压 3MPa 时试件碎屑分类

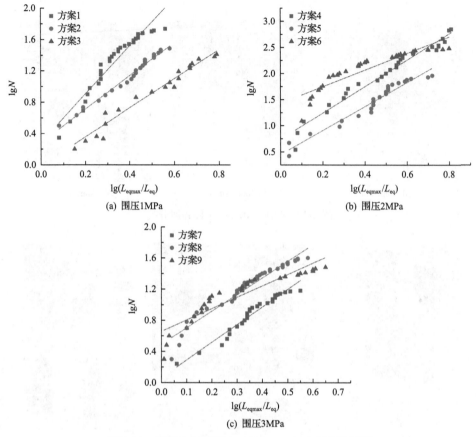

图 2-32 不同方案试件 lg$N$-lg(L_{eqmax}/L_{eq}) 拟合曲线图

表 2-5 试件碎屑 lg$N$-lg(L_{eqmax}/L_{eq}) 拟合曲线及分形维数

参数	方案 1	方案 2	方案 3
围压设定值/MPa	1	1	1
主应力加载速率/(mm/min)	0.3	0.6	1.8
拟合曲线	$y=3.0551x+0.1754$	$y=2.3119x+0.0574$	$y=1.8595x+0.0858$
相关度 R^2	0.9074	0.9843	0.9591
分形维数	3.0551	2.3119	1.8595
参数	方案 4	方案 5	方案 6
围压设定值/MPa	2	2	2
主应力加载速率/(mm/min)	0.3	0.6	1.8
拟合曲线	$y=2.6308x+0.7362$	$y=2.1997x+0.4473$	$y=1.6921x+0.1163$
相关度 R^2	0.9639	0.9562	0.8672
分形维数	2.6308	2.1997	1.6921

参数	方案 7	方案 8	方案 9
围压设定值/MPa	3	3	3
主应力加载速率/(mm/min)	0.3	0.6	1.8
拟合曲线	$y=2.3639x+0.0644$	$y=2.1269x+0.4917$	$y=1.4532x+0.1594$
相关度 R^2	0.9518	0.9479	0.8856
分形维数	2.3639	2.1269	1.4532

2.3639 降低至 1.4532，减少了 38.5%。在不同主应力加载速率下，岩石试件碎屑分形维数的变化规律与试件抗压强度的变化规律一致，说明此次分形维数实验测定数据较为准确。同时，也表明增加主应力加载速率能够有效减缓三轴压缩下岩石试件的裂纹扩展程度，减缓岩石试件损伤的发展，增强其抗压强度，同时降低试件破坏后表现出的破碎性。

随着围压的增加，岩石试件碎屑分形维数减少。当主应力加载速率为 0.3mm/min 时，随着围压由 1MPa 增加到 3MPa，岩石试件碎屑分形维数由 3.0551 减小到 2.3639MPa，减少了 22.6%；当主应力加载速率为 0.6mm/min 时，随着围压由 1MPa 增加到 3MPa，岩石试件碎屑分形维数由 2.3119 减少到 2.1269，减少了 8.0%；当主应力加载速率为 1.8mm/min 时，随着围压由 1MPa 增加到 3MPa，岩石试件碎屑分形维值由 1.8595 减少到 1.4532，减少了 21.8%。

轴向加载下试件的破坏形式虽主要表现为剪切破坏，但由于试件本身存在环向裂隙，这些环向裂隙极易在轴向应力作用下发展延伸。本次采用的实验仪器能够在试件周围提供环向围压，围压的存在限制了试件环向裂隙的发展，导致环向裂隙不断向试件内部延伸，试件内部结构破坏更加严重，故试件破碎之后，碎屑大小均匀分布，分形维数随之减小。

综上所述，主应力加载速率及围压大小均影响岩石试件破坏程度，从而影响岩石试件碎屑分形维数。主应力加载速率、围压越大，试件破坏程度就越高，碎屑分形维数就越小。

2.2　红林煤矿沿空巷道

2.2.1　工程地质概况

红林煤矿位于贵州省黔西市，生产规模为 60 万 t/a。39114 工作面西翼为一采区三条下山及保护煤柱，东翼为化吉村保护煤柱，北翼为 39112 采面采空区，南翼下部为布置于 15 号煤层内的 315116 采面采空区，上部为设计布置的 39116 采面。地面标高为+1680～+1760m，井下标高为+1488～+1495m。39114 工作面与相邻工作面的层位如图 2-33 所示。

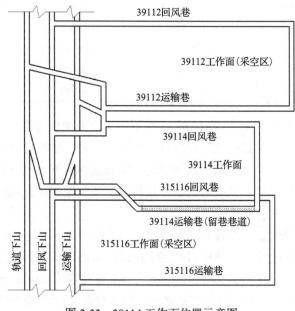

图 2-33　39114 工作面位置示意图

主采 9 号煤层，煤层走向 170°～190°，平均倾角 5°，厚度 2.0～2.4m，平均厚 2.2m。9 号煤层自燃倾向性等级为Ⅲ类，属不易自燃煤层，无煤尘爆炸性危险。上距长兴组灰岩中等含水层 70m 左右，下距茅口组强含水层 62m 左右。9 号煤层基本顶为粉砂岩与菱铁质灰岩互层，厚约 2.5m；直接顶板为泥岩、粉砂岩与菱铁质灰岩互层，厚约 2.0m，伪顶为泥岩，厚 0～1.2m，直接底为粉砂岩、菱铁质灰岩，厚约 5.0m；老底为泥岩，厚约 0.2m。煤岩层综合柱状图如图 2-34 所示。

2.2.2　工作面瓦斯地质特征

根据煤炭科学研究院重庆分院提交的《红林煤矿 7、9 号煤层瓦斯基本参数测定及突出危险性、可抽性评价》报告，红林煤矿 9 号煤层为瓦斯突出煤层。在 9 号煤层测得的始突深度为 1590m，瓦斯压力梯度为 0.0033MPa/m，煤层瓦斯含量为 11.82m³/t，煤层透气性系数为 48.85m²/(MPa²·d)，属于容易抽放煤层，钻孔流量衰减系数为 0.0307/d。根据 2018 年中煤科工集团重庆研究院有限公司提交的《贵州黔西红林矿业有限公司 9 号煤层瓦斯基本参数测定技术报告》，+1435～+1540m 标高的 9 号煤层瓦斯含量为 13.9374m³/t，绝对瓦斯压力为 0.8MPa，坚固性系数为 1.3。9 号煤层及相邻 7 号煤层的瓦斯参数见表 2-6。

岩性柱状图	煤层编号	岩性	岩性
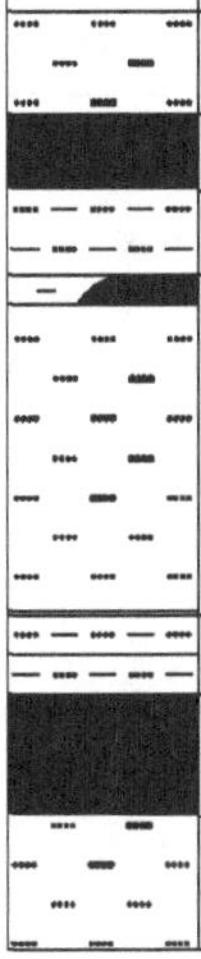		泥质粉砂岩	灰色，薄—中厚层状，微波状层理，节理及垂直裂隙发育，方解石薄膜填充
	7#	煤	黑色，块状，亮煤、暗煤及镜煤线理，半亮型，参差状断口
		泥质粉砂岩	灰色，中厚层状，微波状层理，节理裂隙发育
		细粒砂岩	浅灰色，中厚层状，微波状层理，钙铁质胶结，中部含碳质泥岩条带
		泥质粉砂岩	灰色，中厚层状，平行层理，含瘤状菱铁质结核
	9#	煤	黑色，块状夹碎块状，暗煤为主，夹亮煤，似金属光泽，半亮型
		泥质粉砂岩	灰色，薄—中厚层状，平行层理，钙质胶结，产植物茎秆化石

图 2-34　39114 工作面顶底板岩性柱状图

表 2-6　煤层瓦斯基本参数

煤层编号	绝对瓦斯压力 /(m³/t)	瓦斯压力梯度 /(MPa/m)	瓦斯含量 /(m³/t)	透气性系数 /(m²/MPa²·d)	破坏类型	瓦斯放散初速度 (ΔP)	坚固性系数 (f)	孔隙率 (F)
7#	0.93	0.0061	12.46	0.022	III—IV	32	0.23	6.29
9#	0.8	0.0033	13.9374	14.0413	II	40	1.3	3.92

煤层编号	瓦斯吸附常数		工业分析/%			真密度 (TRD)	视密度 (ARD)	抽放半径/m
	a	b	M_{ad}	A_d	V_{daf}			
7#	39.7191	1.5824	1.24	28.09	9.24	1.59	1.49	1.9
9#	41.6259	1.54157	1.6	13.69	5.87	1.53	1.47	3

2.2.3　围岩组分

为进一步测定围岩成分，在工作面现场选取顶底板岩样，委托科学指南针平台采用 X 射线衍射法进行测定，测定仪器为日本理学 TTRⅢ多功能 X 射线衍射仪，采用《沉积岩中黏土矿物和常见非黏土矿物 X 射线衍射分析方法》(SY/T 5163—2018)作为参考标准。测试结果见表 2-7、表 2-8，非黏土矿物、黏土矿物的 X 射线衍射图如图 2-35、图 2-36 所示。

表 2-7　　39114 工作面围岩组分

样品	矿物含量/%						
	石英	钾长石	斜长石	菱铁矿	黄铁矿	铁白云石	黏土矿物
顶板	28.3	0.9	5.8	—	1.2	—	63.8
底板	14.6	0.9	12.4	5.4	4.9	15.0	46.8

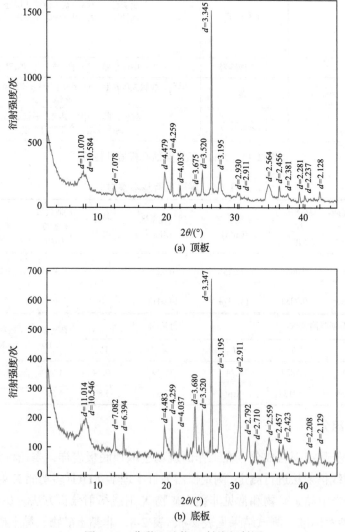

图 2-35　非黏土矿物 X 射线衍射图

表 2-8　39114 工作面围岩黏土组分

样品	黏土矿物相对含量/%						混层比/%	
	S	I/S	It	Kao	C	C/S	I/S	C/S
顶板	—	86	6	—	8	—	25	—
底板	—	83	12	—	5	—	20	—

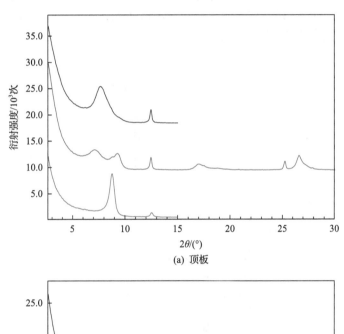

(a) 顶板

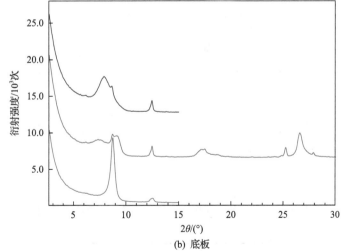

(b) 底板

图 2-36　黏土矿物 X 射线衍射图

可见, 39114 工作面顶板样品中黏土矿物含量为 63.8%, 底板样品中黏土矿物含量为 46.8%。顶板黏土矿物含量较高, 在工作面顶板裂隙水的影响下对巷道维护十分不利。

2.2.4　巷道支护方案

39114 运输平巷拟进行沿空留巷，为了控制巷道变形，确保留巷前具有足够的断面，初始支护采用锚网梁支护。锚杆为全螺纹锚杆，顶锚杆直径 20mm，长 2.5m，每孔使用 2 支 MSK2350 锚固剂加长锚固。帮锚杆直径 20mm，长 2.0m，每孔使用一支 MSK2350 锚固剂。顶锚索规格 $\Phi17.8mm×6200mm$，每孔使用 4 支 MSCK2350 锚固剂，锚固长度 2.0m，详细参数如图 2-37、2-38 所示。

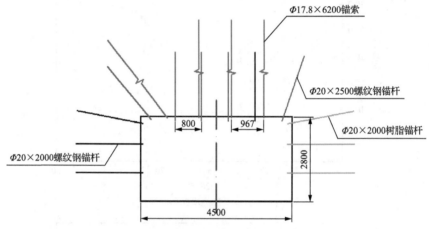

图 2-37　支护断面图（mm）

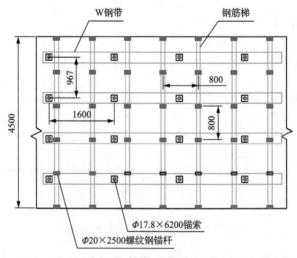

图 2-38　支护平面图（mm）

2.3　平安磷矿二矿中段巷道

2.3.1　工程地质概况

平安磷矿二矿位于贵州省开阳县境内，距开阳县城 15km，生产能力为 30 万 t/a，开采方式为地下开采。矿区总面积为 2.077km²，开采标高为+1130～+600m，区内地形总体东高西低，南高北低，海拔 1300～1450m。东部为中上寒武统灰岩、白云岩形成的峰丛洼地、溶蚀地貌；中部为寒武系砂岩、页岩形成的侵蚀、剥蚀低中山沟谷地貌；西部为震旦系灯影组白云岩，为侵蚀型岩溶峰林、谷地、台地地貌；北西部为震旦系南沱组页岩、砂岩斜坡、谷地，属河谷地貌。扩界范围最高点为南部的无名山顶，海拔 1492.80m；最低点位于矿区北部洋水河流出扩界区处，海拔 1080m，区内相对高差一般为 50～100m，最大高差为 412.80m。

844 中段运输巷埋深约 500m，地面标高为+1285～+1352m，巷道长度为 551m。844 西翼上部为 888 分层、904 分层，下部无作业面，其高差为 50m、60m，平距为 6m、17m，892 分层与 904 分层均向北面延伸至中磷运输通道保安矿柱处。844东上部无作业面，下部为 844 分层、832 分层、820 分层，其高差为 0m、−12m、−24m，平距为 44m、56m、70m，如图 2-39 所示。

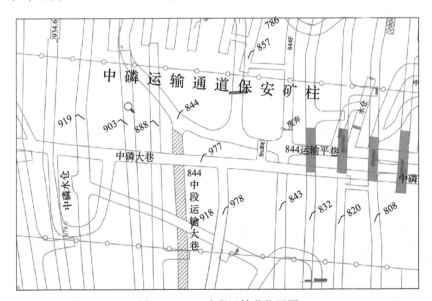

图 2-39　844 中段运输巷位置图

844 中段运输巷掘进层位如图 2-40 所示，该巷道在红页岩中掘进，巷道顶底板均为红页岩，围岩层理发育，如图 2-41 所示。

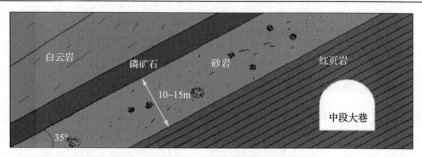

图 2-40　巷道层位示意图

图 2-41　巷道围岩层理发育情况

2.3.2　844 中段运输巷破坏特征

844 中段运输巷断面为直墙半圆拱形，断面尺寸为 4200mm×3500mm，采用管缝式锚杆+金属网支护。通过大量的现场观测，归纳出巷道变形破坏特征如下。

1. 顶板冒落

844 中段运输巷围岩为红页岩，松软破碎，强度较低，巷道顶板发生明显冒落，有些地方巷道高度甚至达到 5000mm，如图 2-42 所示。

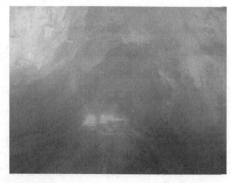

图 2-42　巷道顶板冒落

2. 巷道左侧肩角变形严重

该巷道位于矿体下部的红页岩内,巷道距采空区 30m,巷道左侧肩角在集中应力作用下围岩变形较大,呈现出明显的非对称变形特征。在这种情况下,管缝式锚杆的锚固力不断衰减,使得巷道变形进一步加剧(图 2-43)。

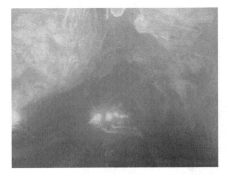

图 2-43　巷道左侧肩角变形情况

3. 巷道片帮严重

如图 2-44 所示,受到巷道左侧采空区及岩层倾角影响,集中应力导致巷道左侧肩角最先发生破坏,围岩应力向帮部转移使得巷道左帮应力增大,左帮松动破坏的范围显著增大,出现多处片帮现象。

图 2-44　巷道帮部变形

2.3.3　红页岩力学特性实验测试

1. 实验仪器

采用四川德翔科创仪器有限公司出产的 DSTD-1000 型电液伺服控制材料实

验系统，如图 2-45 所示。该系统由伺服液压动力系统、伺服介质控制系统、数据采集及控制系统和应力-应变控制式三轴加载系统组成。

图 2-45　　DSTD-1000 型电液伺服控制材料实验系统

2. 试件制备

在 844 中段运输巷内一废弃硐室进行取样，硐室内有大量巷道修复时留下的大块红页岩，在其中选取层理发育明显、完整度较好的大块岩样。在实验室对岩样进行磨平、取心，切割成 $\Phi 50mm \times 100mm$ 的标准三轴实验试件。制备试件时将试件分为平行层理（相当于加载方向与层理的夹角为 0°）、垂直层理（相当于加载方向与层理的夹角为 90°），以及加载方向与层理呈 30°、60°等 4 种角度，共获得标准试件近 50 个，如图 2-46 所示。

将标准试件制备好后，先按红页岩原样与干湿循环分为两类，每类再按照角度分为 0°、30°、60°、90°等 4 组。每个试件做好标记后首先放入烘干箱内进行首次烘干，温度设为 110℃，时间为 24h。烘干完成后将红页岩原样用保鲜膜密封，防止与空气接触再次吸入水分，然后将进行干湿循环的试件晾凉后放入水中浸泡 24h，之后再次进行烘干如图 2-47 所示。

3. 红页岩力学特性实验测试

所有准备工作结束后进行三轴压缩实验，实验过程中轴压与围压同步加载，当围压达到 2MPa 时保持不变，轴压采用位移控制，加载速度为 0.02mm/min。破坏后的试件如图 2-48 所示。

图 2-46　红页岩试件

图 2-47　干湿循环实验

(a) 0°试件　　　　　　(b) 30°试件　　　　　　(c) 60°试件　　　　　　(d) 90°试件

图 2-48　试件破坏情况

从图 2-49 中可以看出，在经历一次干湿循环后 0°试件抗压强度由 129.50MPa降低至 74.77MPa，降低了 42.0%；30°试件抗压强度由 52.74MPa 降低至 36.43MPa，降低了 30.9%；60°试件抗压强度由 69.24MPa 降低至 47.90MPa，降低了 30.8%；90°试件抗压强度由 105.39MPa 降低至 61.37MPa，降低了 41.8%。红页岩的抗压强度与层理角度密切相关，0°强度最高，90°次之，30°、60°逐次降低。

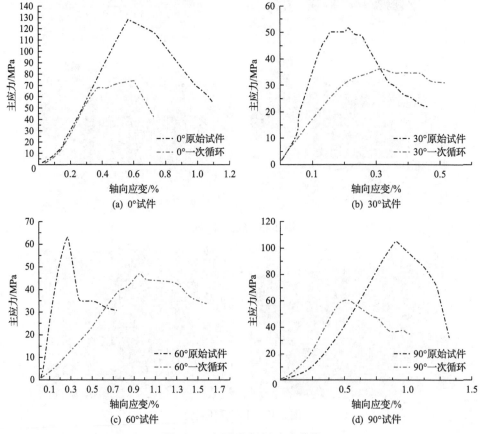

图 2-49　红页岩应力-应变曲线

2.3.4　红页岩力学特性数值分析

1. 模型构建及参数标定

采用基于 PFC3D 的 PB（Parallel-Bond）模型建立红页岩数值模型，并用室内实验进行矫正，得到不同层理倾角试件单轴压缩下的细观破坏特征。从裂纹演化过程、细观裂纹赤平极射、岩石组构、裂纹萌生应力和裂纹损伤应力多个角度分析细观破坏特征随层理倾角的变化，进一步深入了解层状红页岩的破坏规律，以期为红页岩巷道稳定控制提供借鉴与指导。

利用红页岩的室内力学实验结果，如图 2-50 所示，从试件破坏结果图中可以看出，当层理倾角 $\theta=0°$ 时，试件破坏时产生贯穿基岩的裂缝，局部裂缝会沿层理面扩展，表明此时破坏模式主要由基岩控制；当层理倾角 $\theta=30°$ 时，试件沿层理面破坏，表明此时破坏模式由层理面控制；当层理倾角 $\theta=60°$ 时，试件先后在基岩中和层理面中产生裂缝，这些裂缝扩展交汇形成岩石破坏时的主裂缝，表明此时破坏模式由基岩和层理面共同控制；当层理倾角 $\theta=90°$ 时，试件端面以一定角度开裂，并扩展贯通，最后产生贯穿基岩的裂缝，表明此时破坏模式又回归到由基岩控制。

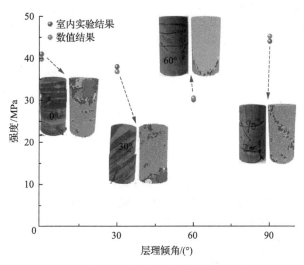

图 2-50　室内实验结果与数值结果比较

由 XRD 衍射实验可知，红页岩中基岩占比最大的两种矿物成分为石英（含量为 39.48%）和白云母（含量为 49.51%），其他含量较少的有方解石、方钠石和赤铁矿，控制基岩宏观力学特性的主要是高含量矿物石英和白云母。红页岩层理中高含量矿物种类及含量和基岩中一致，微量矿物比基岩中多，力学性质同样由石英和白云母控制。层理为红页岩的弱面，具有齿状结构，与基岩成型时能相互咬合固结，基岩和层理各主要矿物成分和含量基本一致。采用 PFC 模拟岩石材料时，平行胶结模型能够较好地反映岩石材料的力学特性。基于此，采用平行胶结模型来模拟层状红页岩细观破坏特性，层理部分选用力学参数较弱的平行胶结模型。

在 PFC3D 中生成直径 50mm、高度 100mm 的标准试样，颗粒与墙体之间采用线性模型，颗粒与颗粒之间采用平行胶结接触模型，颗粒半径采用随机分布，最小半径为 0.8mm，最小与最大粒径比为 2∶3，颗粒密度为 2505.9kg/m³，阻尼系数为 0.7，层理间距 $s=20\text{mm}$。基于上述参数，以层理倾角 60°为例，生成 31967 个颗粒（其中基岩 26173 个，层理 5794 个），平行胶结接触 107997 个。采用位移控制加载方式，位移速率为 0.0005m/s，图 2-51 为层理倾角 $\theta=60°$时的数值模型试件。

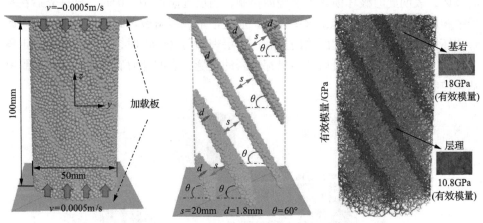

图 2-51　$\theta=60°$模型试件示意图
d 为层理厚度

根据单轴抗压实验情况，采用试错法对细观参数进行标定，主要过程如下。建立层理倾角 0°、30°、60°、90°数值试样，赋予层理和基岩初始模量值，并对模量进行反复实验，使其与室内弹性模量一致。保持弹性模量值不变，改变刚度比、内摩擦角及拉压比，使得数值试验结果与室内实验结果相近。经过反复试验，得到红页岩细观参数见表 2-9，数值试验结果如图 2-51 所示。从图 2-51 中可知，采用表 2-9 中红页岩细观参数所建立的数值模型在破坏模式和强度值上与室内实验高度吻合，表明选用的细观参数较为合理。

表 2-9　红页岩细观参数

类别	线性部分			胶结部分			
	弹性模量/GPa	刚度比	胶结模量/GPa	刚度比	内聚力/MPa	抗拉强度/MPa	内摩擦角/(°)
基岩	18	1.5	18	1.5	38	49	35
层理面	10.8	1.5	10.8	1.5	16	21	35

2. 细观破坏特性分析

为分析不同层理倾角对红页岩数值模型破坏、裂隙演化、组构变化的影响，在上文参数标定的基础上，建立除 0°、30°、60°、90°之外的 15°、45°、75°的层理倾角模型试样,对不同层理倾角数值模型试样进行细观破坏特征分析,以期得到层理倾角影响下岩石的细观破坏规律。

图 2-52 为颗粒在峰值破坏后的位移矢量图,为了清晰观测到试样内部粒子位移矢量图,利用两个相互垂直的剖面对试样进行剖析,如图 2-52(h)所示。图中并未显示颗粒,而是位移等值线,能够定量描述试样破坏时内部颗粒的滑移情况。

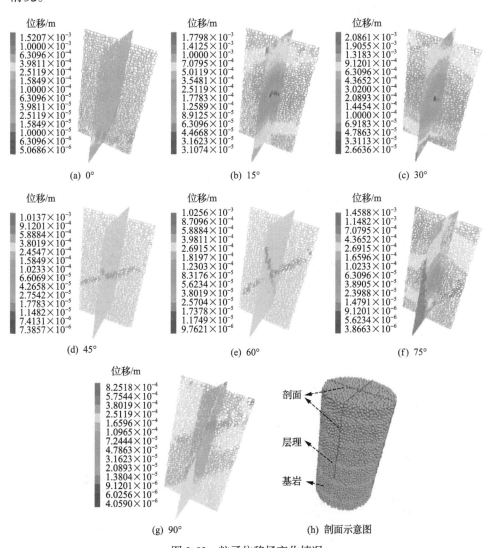

图 2-52　粒子位移场变化情况

如图 2-52(a)、(b)所示,层理倾角 $\theta=0°$、15°时,粒子位移没有明显的分层,试样端部位置产生明显位移,反映低层理倾角岩石端面易发生脆性破坏,$\theta=15°$

时由于倾角变大，岩石达到峰值强度产生的脆性破坏面积相较于 $\theta=0°$ 时更大。层理倾角 $\theta=30°$、$45°$、$60°$、$75°$ 时，宏观上试样的破坏是沿层理倾角破坏，而微观颗粒位移场同样反映这种破坏模式。如图 2-52(c)、(d)、(e)、(f) 颗粒位移场出现明显的分层现象，分层位置即层理面。特别地，$\theta=75°$ 时，粒子位移场分层数量多，表明试样宏观破坏时沿层理面产生多个滑移面；$\theta=45°$、$60°$ 时，试样破坏时沿中部层理面产生唯一滑移面。$\theta=90°$ 时粒子位移场同样产生明显分层现象，但并非沿层理面，而是沿基岩主导破坏产生的滑移面，如图 2-52(g) 所示。

　　岩石是典型胶结材料，破坏的本质是作用在颗粒上的力超过颗粒的断裂强度，粒子之间的胶结键就会断裂，同时伴随着微裂纹的产生[88]。离散单元法（discrete element method, DEM）模拟岩石力学行为也是基于这样的理论，并能够在微观尺度上追踪粒子破坏过程中产生的裂纹情况（如裂纹数量、倾角和倾向），以便更好地理解岩石材料受到应力时的力学行为的微观机制。在研究过程中，注意到试样在加载前后的力链分布存在差异，如图 2-53 所示。

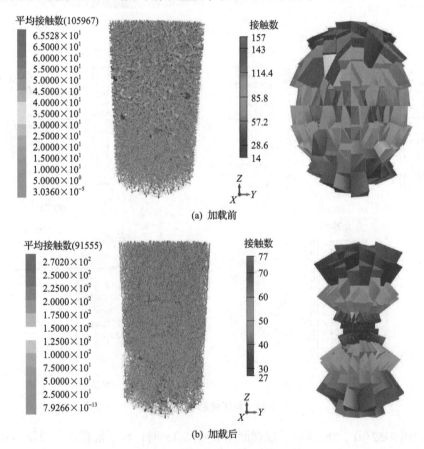

图 2-53　0°层理倾角力链空间分布图

图 2-53(a) 为试样的力链空间分布图, 右边为力链在空间上的分布数量统计结果。由于各层理倾角试样加载前力链空间分布基本一致, 此处以 $\theta=0°$ 为例说明。从图 2-53 中可知, 试样加载前力链在空间上分布较均匀, 表现出较好的各向同性。加载后试样力链分布主要在竖直方向, 加载后试样表现出强烈的各向异性。为方便比较和联系不同层理倾角试样裂纹演化曲线、裂纹分布情况及力链分布情况, 将数值试验结果归纳并整理得到不同层理倾角试样细观裂纹演化及组构变化图, 如图 2-54 所示, 分别为应力-应变曲线、裂纹演化曲线、细观裂纹赤平极射投影(半圆表示试样层理方向)和岩石组构图(试样接触在空间上的分布情况)。

层理倾角 $\theta=0°$ 时, 微裂纹呈现缓慢增长阶段、加速增长阶段、趋于稳定阶段的变化情况。试样加载初期几乎没有微裂纹的产生, 在大约 15MPa 时, 裂纹开始缓慢增加, 这对应着裂纹萌生阶段的开始; 大约 30MPa 时, 裂纹处于加速增长阶

层理倾角 $\theta/(°)$	裂纹演化曲线	细观裂纹赤平极射投影	岩石组构图
0			
15			
30			

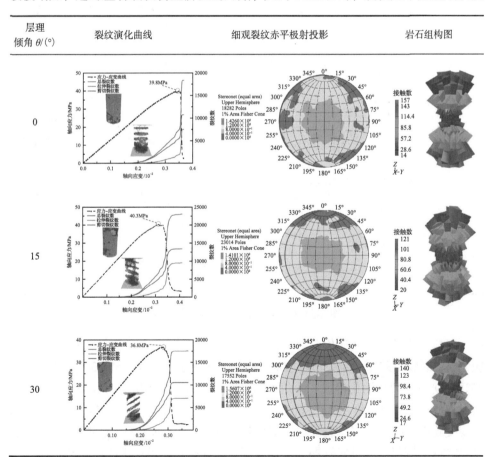

层理 倾角 θ/(°)	裂纹演化曲线	细观裂纹赤平极射投影	岩石组构图
45			
60			
75			
90			

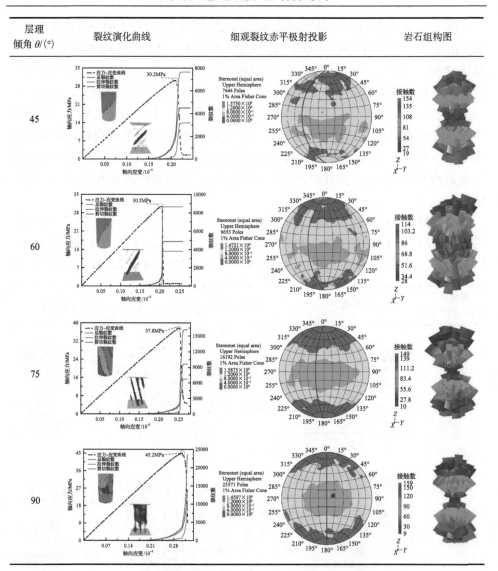

图 2-54　细观裂纹演化及组构变化图

段，对应着裂纹的损伤应力。峰值强度后裂纹持续增加，峰后强度小于裂纹萌生应力时，裂纹数趋于稳定，不再增加，此情况适用于倾角 θ=15°、30°、45°、60°、75°和 90°时的裂纹演化特征，倾角不同时所对应的裂纹萌生应力和裂纹损伤应力有所差异；当层理倾角 θ=45°、60°、75°时，微裂纹加速增长阶段的增长速率较大，应变变化在 $5.0×10^{-4}$ 内，裂纹加速增长阶段就完成了，这主要受层理倾角的影响，裂纹在低应变范围内迅速发展，宏观表现为试样破坏时沿层理面产生滑移面。

离散元 PFC 能够在微观尺度上追踪粒子裂纹发展情况，粒子间的接触键断裂时产生垂直于原接触键的裂纹[89]。岩石结构图是统计岩石接触在空间上的分布情况,除反映岩石材料各向异性的特点外,还一定程度上反映多数裂纹的空间分布。如图 2-55 所示,右边为相应层理倾角试样的细观裂纹赤平极射投影和组构图。从细观裂纹赤平极射投影图中可以看出,层理倾角 $\theta=0°$ 时,微观裂纹倾向分布较为均匀,受到软弱层理的影响,赤平极射投影与完整岩石单轴压缩时的赤平极射投影略有区别,但都表现出微裂纹主要平行于或次平行于加载方向的规律。相应的岩石组构图表现为竖直方向上的接触数大于水平方向上的接触数,反映出岩石材料加载破坏后各向异性的特点,同时能表明产生的裂纹多数平行于加载方向。

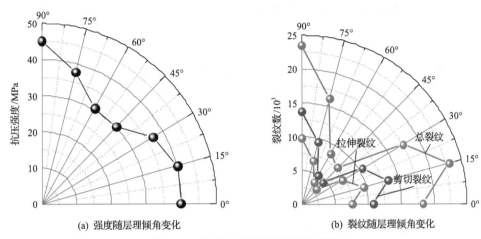

(a) 强度随层理倾角变化　　　　　(b) 裂纹随层理倾角变化

图 2-55　强度和裂纹随层理倾角变化

随着层理倾角的增加,试样破坏时产生的微裂纹渐渐向两个极点集中,相应层理角度的组构图水平方向上的接触数也在增加,表明此时产生较多与加载方向呈一定夹角的微裂纹。在层理倾角增加到 60°时,微裂纹数量在两级上分布达到最大值,同时试样接触数在水平方向上达到最大值,表明此时裂纹倾向由于受到层理倾角的影响,多数裂纹平行于层理方向,与加载方向大约呈 30°夹角。

当层理倾角为 75°、90°时,微裂纹由两极点逐渐向两边扩散,岩石组构在水平方向上的接触数目减小,表明此时微裂纹倾向由与加载方向呈一定夹角逐渐变为平行于或次平行于加载方向。

上述分析表明,层理倾角对岩石细观破坏特征有较大的影响。从裂纹演化曲线、细观裂纹赤平极射投影和岩石组构图方面,总结层状岩体破坏时的细观特征主要如下。

(1)层理倾角 $\theta=30°$、45°、60°、75°时,试样沿层理方向破坏产生滑移面,特别地,$\theta=45°$、60°时,试样破坏只沿最大层理面产生一个滑移面。$\theta=0°$、15°、90°时,试样端部产生脆性破坏。

(2)不同层理倾角试样的裂纹演化过程都呈缓慢增长阶段、加速增长阶段、趋于稳定阶段的变化情况，整个过程中剪切裂纹数量最多，拉伸裂纹数量略少。特别地，$\theta=45°$、$60°$、$75°$时，裂纹演化过程中的加速增长阶段在低应变变化范围内（5.0×10^{-4}）迅速完成。

(3)细观裂纹赤平极射投影和岩石组构图表明，$\theta=0°$时，微观裂纹倾向分布较为均匀，主要平行于或次平行于加载方向，加载破坏后表现出强烈的各向异性；$15°\leqslant\theta\leqslant60°$时，微裂纹倾向逐渐向层理方向平行，水平方向上的接触数出现逐渐增加的现象；$75°\leqslant\theta\leqslant90°$时，微裂纹倾向重新平行或次平行于加载方向，同时水平方向上的接触数骤减，表现为加载破坏后强烈的各向异性。

3. 层理面效应影响特征

层理面属于岩石软弱结构面，如图2-55(a)所示，不同层理面倾角对岩石强度影响较大，层理倾角 $\theta=45°$、$60°$时，此时试样强度最小，$\theta=90°$时所对应的试样强度最大，约为最低强度的1.5倍。图2-55(b)为试样破坏后拉伸裂纹、剪切裂纹和总裂纹数随层理倾角的变化。当 $\theta=45°$、$60°$时，此时试样破坏产生的裂纹数最少，宏观表现为沿层理面产生一个滑移面，而 $\theta=15°$、$90°$时试样破坏产生裂纹数最大。整体上看，裂纹数量随层理倾角变化呈 "U" 形（以45°和60°为 "U" 形谷底），与抗压强度随层理倾角变化情况一致。

4. 微裂纹萌生—损伤机制

岩石破坏的实质是内部微裂纹的萌生—发展—贯通过程，对岩石内部微裂纹的损伤演化过程一直是岩土领域内的研究热点，裂纹萌生应力[90,91]和裂纹损伤应力[92]等概念也随之涌现。裂纹萌生应力阈值可确定长期强度的下限[93]，裂纹损伤应力阈值可找岩石的屈服强度[94]，确定裂纹应力阈值常用的方法是基于应力-应变关系的岩石体积应变、裂纹体积应变、侧向变形刚度和切线杨氏模量法[95]，此外还有扫描电子显微镜、光弹性、超声波探测和声发射技术[96,97]。本节基于应力/裂纹演化-应变关系，采用数学微分法求解裂纹萌生应力和裂纹损伤应力，以层理倾角0°为例，如图2-56(a)所示。将应变划分为相等大小区间 $\Delta\varepsilon$，那么岩石瞬时弹性模量为

$$E_i = \frac{\Delta\sigma_i}{\Delta\varepsilon} \tag{2-7}$$

则

$$\Delta E_i = E_k - E_{k-1} \tag{2-8}$$

式中：E_i 表示瞬时弹性模量；$\Delta\sigma_i$ 表示应力增量；ΔE_i 表示瞬时弹性模量增量；

E_k 表示 k 点瞬时弹性模量；E_{k-1} 表示 k–1 点瞬时弹性模量。

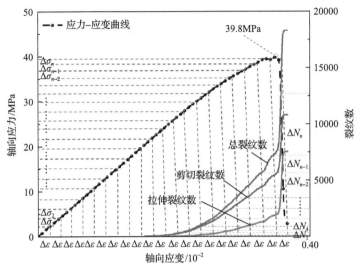

(a) 裂纹应力阈值求解法示意图

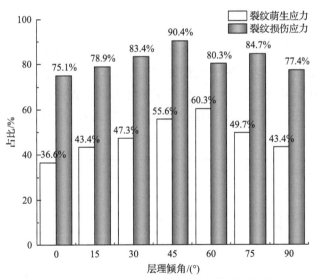

(b) 裂纹萌生应力和损伤应力占峰值强度的比例

图 2-56　裂纹萌生应力和损伤应力

给定裂纹数 N_0，结合 ΔE_i 随应变变化曲线，确定岩石塑性变形及破坏应变区间，当 $\Delta N_k \leqslant N_0$（ΔN_k 表示 k 点裂纹增量），则认为此时所对应的裂纹损伤应力为

$$\sigma_d = \sum_{i=1}^{k} \sigma_i \qquad\qquad (2\text{-}9)$$

本节的模型为理想模型，未考虑岩石其他天然缺陷（如原生裂纹、孔洞等），故应力-应变曲线没有开始阶段原生裂隙闭合阶段，但线弹性阶段、塑性变形阶段、峰后残余强度阶段都存在。因此，当监测过程中出现新裂纹时，所对应的应力即裂纹萌生应力，基于此，统计不同层理裂纹萌生应力和裂纹损伤应力，如图 2-56（b）所示。

从图 2-56（b）中可知，受层理倾角的影响，裂纹萌生应力占峰值强度的比例随层理倾角的变化呈倒"U"形变化，当 θ=60°时，试样宏观上沿层理面形成滑移面而破坏，微观裂纹萌生应力占峰值强度的 60.3%，而裂纹损伤应力占峰值强度的比例随层理倾角的变化没有明显规律。通过整理得到裂纹萌生应力阈值为各层理峰值强度的 36.6%～60.3%，裂纹损伤应力阈值为各层理峰值强度的 75.1%～90.4%，与大量物理实验中裂纹萌生应力和裂纹损伤应力分别对应着峰值强度的 33%～63% 和 74%～83%非常吻合[98,99]，表明考虑裂纹演化特征的杨氏模量法求解裂纹损伤应力阈值具有可靠性。

2.3.5　微观结构特征

1. 红页岩孔隙率

对红页岩进行干湿循环实验，岩块浸泡一周后取出进行长达一周的自然风干，此为一个完整循环。为了解干湿循环前后红页岩孔隙率及孔径分布的具体变化情况，现在对原样及经过一次完整干湿循环的试样进行压汞试验。在试样中选出合适的结果进行对比，原样与经过干湿循环后的孔径分布曲线，如图 2-57所示。

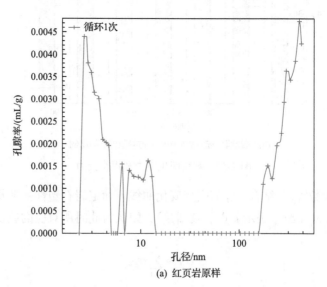

(a) 红页岩原样

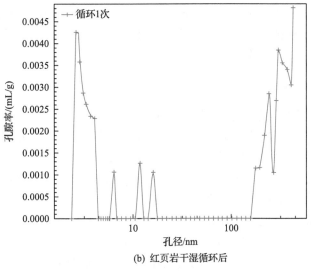

(b) 红页岩干湿循环后

图 2-57　红页岩孔径分布

　　红页岩原样孔隙率为 1.62%，干湿循环一次后岩样孔隙率为 1.77%。从孔隙分布点可知，红页岩原样孔隙主要分布在 0~100nm，约占总孔体积的 63.2%，其次分布在 20~35μm，约占总孔体积的 27.4%，少量分布在 8~15μm，约占总孔体积的 9.4%。干湿循环后红页岩孔隙主要分布在 0~100nm，约占总孔体积的 58.4%，其次分布在 18~35μm，约占总孔体积的 26.9%，少量分布在 10~15μm，约占总孔体积的 14.7%。

　　红页岩干湿循环前后孔径分布对比如图 2-58 所示，可知干湿循环前后孔径分

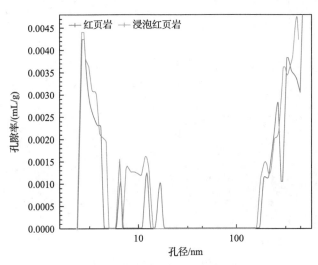

图 2-58　红页岩干湿循环前后孔径分布对比

布变化主要存在于 8～15μm, 干湿循环后 8～15μm 总孔体积比原样提升 70.9%, 孔径在 18～35μm 范围内的总孔体积比原样提高了 16.7%。通过上述对比可知水对红页岩的溶蚀作用主要存在于 8～15μm 孔径范围。

2. 红页岩微观结构

图 2-59(a)为红页岩在标度为 200nm 时电子显微镜下的原样微观形貌,从图中可以看出,红页岩具有很明显的片状结构,是由片状结构层层堆叠而成,红页岩原样未经水的侵蚀可以看到岩石表面细碎的层状结构较多,连续性较好。层状结构堆叠得比较致密虽然层状结构之间有一定空隙,但是空隙明显较少。由图 2-59(b)可知,红页岩在经过干湿循环后,虽然表面片层结构仍以面与面的结构为主要连接形式,但与原样相比片层较大,而且片层与片层之间的间隙更加宽大。在图 2-59(d)与图 2-59(e)中在 10μm 尺度下,红页岩原样除紧凑的小型片层结构外,还存在大面积平滑致密的大型片状结构,与干湿循环后片层大量剥落的岩样相比孔隙率明显降低许多。

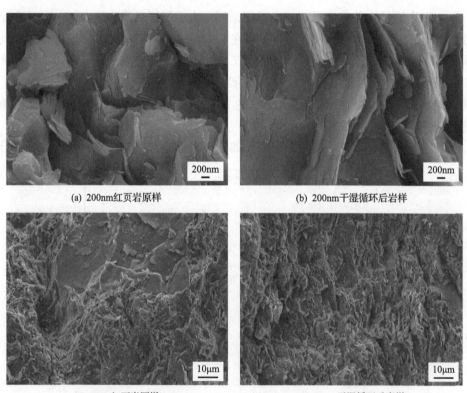

(a) 200nm红页岩原样

(b) 200nm干湿循环后岩样

(c) 10μm红页岩原样

(d) 10μm干湿循环后岩样

图 2-59　红页岩微观结构特征

已有研究表明，红页岩的孔隙构成主要有矿物基质孔(粒间骨架孔、溶蚀孔、基质晶间孔)、有机质孔(有机质化石孔、有机质生烃孔)、微裂缝三类孔隙形式。通过观察图 2-59 可以发现，红页岩内部主要的孔隙形式是其本身的片层状结构相互堆叠时留下的空隙，未经过干湿循环的样品表面片层结构多而密，形成的空隙就相对较少较小，而经过干湿循环后的样品可以很明显地发现片层状结构减少，片层结构更大，形成的空隙也较大。因此，红页岩孔隙的微观结构特征主要取决于岩石中所含矿物的分布和赋存情况，黏土矿物晶体的接触和连接方式以及其在岩石内部空间的组合形态直接决定了微孔隙的形状。

3. 红页岩矿物成分

为研究干湿循环前后红页岩矿物组成成分的变化情况，对干湿循环前后的红页岩样品进行 X 射线衍射实验，通过分析红页岩原样及经过一次完整干湿循环后试件的 XRD 衍射图谱，可得到红页岩的主要矿物成分见表 2-10。在红页岩中占比最大的两种矿物成分中，白云母含量在 46%以上，石英含量约为 40%，如图 2-60、图 2-61 所示。

表 2-10　红页岩矿物成分组成　　　　　　　　(单位：%)

岩性	石英 SiO_2	方解石 $CaCO_3$	方钠石 $Na_8(Al_6Si_6O_{24})Cl_2$	白云母 $KAl_2(AlSi_3O_{10})(OH)_2$	赤铁矿 Fe_2O_3
原样	39.4	4.1	3.9	49.5	3.1
干湿循环后	42.5	3.8	4.3	46.3	3.1

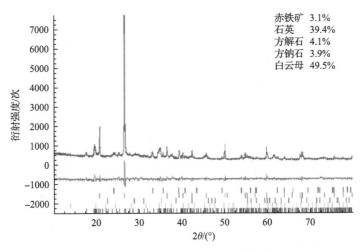

图 2-60　红页岩原样主要矿物成分

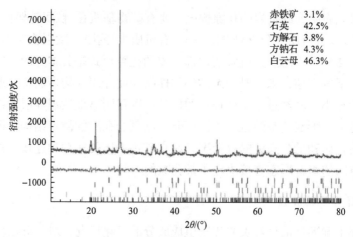

图 2-61 干湿循环后红页岩主要矿物成分

2.3.6 巷道失稳原因分析

1. 巷道围岩松动范围大

2019 年 10 月，844 中段运输巷刚扩刷完成，为观察巷道围岩的破坏情况确定巷道松动圈的大致范围，采用贵州大学矿业学院的 CXK12（A）-Z 型钻孔窥视仪对巷道围岩进行检测，在距离巷道入口 15m 的地方设置了第一个观察断面，距巷道入口 25m 处设置了第二个观察断面。每个断面设置 3 个直径为 32mm 的窥视钻孔，如图 2-62 所示。

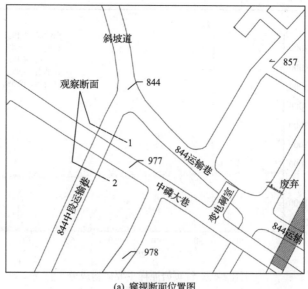

(a) 窥视断面位置图

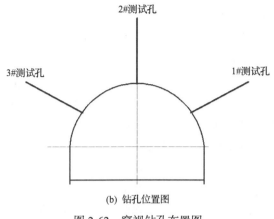

(b) 钻孔位置图

图 2-62　窥视钻孔布置图

1) 巷道顶部钻孔窥视结果

巷道顶板钻孔窥视情况如图 2-63 所示，在孔口 0～0.48m 范围内破碎严重；0.53～0.93m 内存在大量纵向裂隙，裂隙间的岩石呈片状碎块；1.04～1.34m 范围内孔壁光滑完整；1.42～1.69m 内存在环状裂隙，裂隙间为破碎的红页岩小碎块，裂隙断口整洁；1.73～2.48m 内存在少量纵向裂隙，裂隙宽度较窄，孔壁较为粗糙；2.83～3.12m 内岩石完全破碎孔壁粗糙多为大块碎岩，存在大型裂隙。可见，在 0～1.34m 范围内围岩破碎程度逐步降低，最外侧围岩离层较多，围岩破碎。在

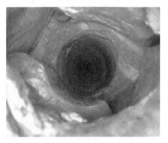

(a) 0~0.48m内破碎严重

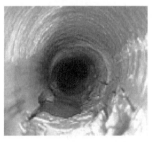

(b) 0.53~0.93m内大范围纵向裂隙

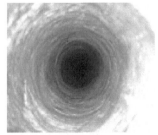

(c) 1.04~1.34m内孔壁光滑完整

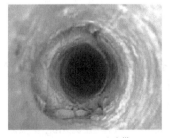

(d) 1.42~1.69m破碎带

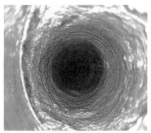

(e) 1.73~2.48m少量纵向裂隙

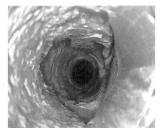

(f) 2.83~3.12m岩石完全破碎

图 2-63　巷道顶部钻孔窥视情况

1.34～3.12m 范围内围岩破碎情况逐步升高，但多为纵向裂隙且破碎带主要集中在 2.83～3.12m 范围内，3.12m 以外孔壁光滑完整，围岩完整性良好。

2)巷道左帮钻孔窥视结果

图 2-64 为巷道左帮钻孔窥视情况，在 0～0.54m 内围岩极为破碎，呈块状分布，岩块棱角分明；0.61～1.32m 内存在大量纵向裂隙，裂隙间无夹杂破碎带，裂隙较大，断口整洁；1.53～1.97m 内存在少量环状裂隙，隙间夹杂少量破碎带，碎块棱角模糊，2.04～2.86m 内存在细长纵向裂隙，裂隙较窄但纵深较长，孔壁较为光滑；3.02～4.0m 内存在少量破碎带，碎块相互胶结孔壁略微粗糙；4.22m 以后岩石保持完整，孔壁较为光滑。可见，巷道左帮与顶板围岩破坏规律不同，巷道围岩从浅部向深部破碎程度逐步降低，除此之外，巷道左帮浅部围岩的破坏程度更高，破坏范围更大。

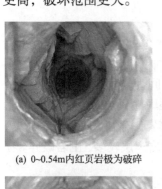
(a) 0~0.54m内红页岩极为破碎

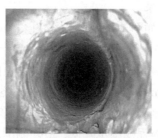
(b) 0.61~1.32m纵向裂隙发育

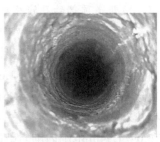
(c) 1.53~1.97m少量环状裂隙

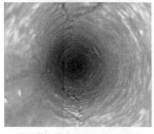
(d) 2.04~2.86m内细长纵向裂隙

(e) 3.02~4.0m少量破碎带

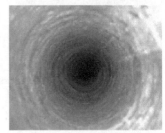
(f) 4.22m以后岩石保持完整

图 2-64　巷道左帮钻孔窥视情况

3)巷道右帮钻孔窥视情况

图 2-65 为巷道右帮钻孔窥视情况，在 0～0.28m 孔口范围内孔内含大量泥沙状碎屑和大量小颗粒状破碎红页岩；0.32～0.76m 内存在环状裂隙，裂隙间为块状破碎围岩，孔壁为泥沙质颗粒，孔壁极为粗糙；0.84～1.52m 内存在较大纵向裂隙，裂隙断口粗糙，裂隙间距由浅至深逐渐缩小夹杂块状破碎围岩，孔壁无泥沙质碎屑较为粗糙；1.58～1.97m 内存在大块状破碎围岩，破碎带极为明显，碎块较大，棱角分明，孔壁粗糙；2.07～2.24m 内存在破碎带，破碎带边界不清晰且孔壁粗糙，

碎块有胶结现象；2.28～2.43m 内有较大环向裂隙；2.43m 以后岩石保持完整，孔壁较为粗糙。

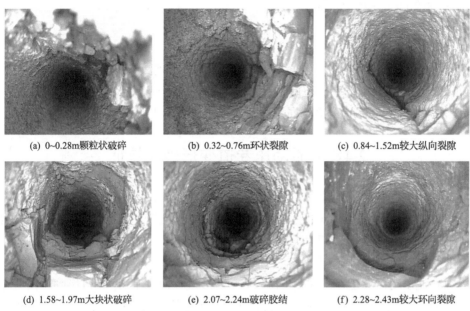

(a) 0~0.28m颗粒状破碎　　　　(b) 0.32~0.76m环状裂隙　　　　(c) 0.84~1.52m较大纵向裂隙

(d) 1.58~1.97m大块状破碎　　　　(e) 2.07~2.24m破碎胶结　　　　(f) 2.28~2.43m较大环向裂隙

图 2-65　巷道右帮钻孔窥视情况

　　根据上述钻孔窥视结果，844 中段运输巷巷道顶部围岩的破坏范围为 0～3.12m，且在 0～1.34m 范围内围岩破碎程度逐步降低，且破碎带主要集中在 2.83～3.12m 范围内。巷道左帮围岩的破坏范围为 0～4.22m，浅部围岩的破坏程度更高，破坏范围更大。巷道右帮围岩的破坏范围为 0～2.43m，在 2.43m 以外孔壁保持完整。从窥视结果上看，巷道围岩的松动圈范围与巷道变形特征一致。

　　2. 巷道埋深大，水平应力高

　　巷道实际埋深近 600m，垂直应力在 15MPa 左右，且洋水矿区地应力以水平构造应力为主，最大主应力方向与洋水背斜的走向基本相同，呈近 NS 向。巷道开挖后水平应力向顶底板集中，引起巷道顶底板变形破坏。此外，试验段巷道上方为矿柱，距离磷矿层在 25m 以内。磷矿石回采造成矿柱应力集中，且集中应力向底板传播，在其影响作用下红页岩巷道围岩应力迅速增大，数倍于原岩应力，是引起巷道破坏的重要原因。

　　3. 围岩强度较低，自稳能力差

　　平安磷矿二矿红页岩倾角为 30°～40°，对巷道的安全控制较为不利。同时红页岩也表现出明显的高应力软岩的特性，软化临界荷载为单轴抗压强度的 70%～

80%。因此，红页岩并非常见的地质软岩，它在低应力状态下仍表现出脆性岩石的变形特征，但在高应力条件下会发生明显的脆延转化，出现显著的塑性变形，表现出明显的工程软岩特征。

4. 支护方案不合理

原方案采用锚网喷支护，锚杆为管缝式锚杆，预紧力较低，支护初期的支护强度较低，难以有效限制巷道围岩变形。巷道松动破坏范围大，未进行注浆加固，在矿柱集中应力及采动应力共同作用下巷道出现严重变形破坏。

2.4　泥质动压巷道变形破坏特征

泥质巷道工程地质特性和工作面采动影响，决定了泥质动压巷道变形与破坏有显著的特点。巷道变形阶段一般可分为掘进影响稳定、受工作面超前支承压力影响、受工作面滞后支承压力影响、采动影响稳定、受二次采动影响等阶段。

巷道变形具有以下特点。

(1)泥质动压巷道在不同变形阶段，其变形量有很大差别。掘进影响阶段巷道变形一般比较小，掘进影响比较明显的范围一般为从掘进工作面至 2~5 倍巷道宽度的距离，之后巷道变形趋于稳定。巷道变形主要发生在受到工作面采动影响阶段，工作面超前支承压力影响范围通常为 20~50m。工作面滞后影响范围有的为数十米，而有的则高达 300~400m。对于沿空留巷、多巷布置复用巷道，巷道变形主要发生在工作面滞后支承压力影响阶段。当巷道受到二次采动影响后，围岩变形继续增加，但采动影响程度比滞后工作面时弱。

(2)在巷道变形部位上，表现为顶板下沉、两帮鼓出、底鼓及全断面变形。有的巷道变形量高达 2~3m，甚至出现顶板与底板接触、闭合。有的巷道需要多次维修与返修，累计量甚至超过巷道高度。巷道变形往往不局限在某些部位，而是全面来压、全断面变形。

(3)在巷道变形深度上，不同类型的巷道围岩深部位移分布有很大差别。对于表面位移小、围岩稳定的巷道，进入围岩较小深度(小于巷道宽度)位移就停止；而对于表面位移大、围岩稳定性差的巷道，深部围岩位移范围很大，可达巷道宽度的 2~3 倍。对于沿空留巷，由于受到工作面上覆岩层活动的影响，巷道顶板岩层位移的范围会更大。

(4)巷道流变特性更加显著，在掘进影响稳定阶段、工作面采动影响稳定阶段，巷道仍以一定的速度变形，随着时间增加，巷道变形不断增大。

(5)扩容变形是泥质动压巷道大变形的主要组成部分。围岩在偏应力作用下产生微裂纹，微裂纹不断扩展、交会形成宏观裂纹，导致围岩体积增大。煤岩体中的层理、节理、割理等结构弱面出现离层、滑动、转动等变形，加之新裂纹的产生，致使围岩发生碎胀，体积显著增加。对于高岭石、伊利石、蒙脱石等黏土矿物含量较高的岩石，遇水引起的膨胀变形可占到巷道总变形的很大部分。

第3章 泥质动压巷道围岩变形破坏机理

3.1 动力扰动对巷道稳定性的影响

巷道顶板事故的发生与采动、掘进、爆破等活动产生的动力扰动有直接的关系，回采巷道的顶板事故多是由于顶板破断、断层错动、瓦斯突出、放顶、打钻、爆破等动力扰动活动诱发的。随着开采深度的增加，深部开采处于"三高一扰动"的复杂地质力学环境，由于深部巷道周边围岩的应力集中明显，动力扰动对于深部高应力巷道围岩失稳破裂的触发作用也更加突出。研究表明，围岩裂隙产生—扩展—贯通的过程也是巷道破坏失稳的过程，研究巷道致灾机理的关键在于准确把握围岩裂隙的演化规律和破裂特征。

3.1.1 UDEC 数值计算模型

以 226 轨道石门为工程背景，建立 UDEC 数值模型，模型尺寸 70m×70m，巷道沿 20#煤层布置，呈半圆拱形，断面尺寸为 5200mm×3200mm，如图 3-1 所示。模型底部和两侧限制垂直与水平移动，施加在模型上部的载荷取上覆岩层自重 22.37MPa。侧压系数取 1.2，采用 Mohr-Coulomb 模型，各个岩层的物理力学参数见表 3-1。在 20#煤层顶底板采用 Voronoi 多边形节理生成器，其他岩层使用 JSET 统计节理生成器，节理模型如图 3-2 所示。

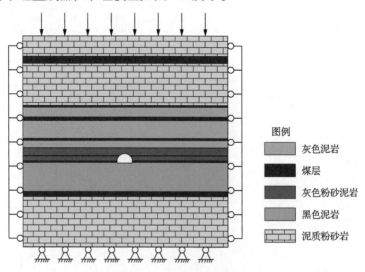

图 3-1 UDEC 数值模型

图 3-2　UDEC 节理模型

表 3-1　UDEC 数值模型岩层物理力学参数

岩性	密度/(kg/m³)	体积模量/GPa	剪切模量/GPa	黏聚力/MPa	内摩擦角/(°)	抗拉强度/MPa	剪胀角/(°)
泥质粉砂岩	2600	21	14	3	36	2.9	5
20#煤	1400	2.4	1.4	1.4	24	1.6	3
灰色泥岩	2300	4.3	2.3	1.6	24	1.9	4
21#煤	1400	2.4	1.4	1.4	24	1.6	3
灰色泥岩	2300	4.3	2.3	1.6	24	1.9	4
22#煤	1400	2.4	1.4	1.4	24	1.6	3
灰色泥岩	2300	4.3	2.3	1.6	24	1.9	4
23#煤	1400	2.4	1.4	1.4	24	1.6	3
灰色泥岩	2300	4.3	2.3	1.6	24	1.9	4
煤线	1400	2.4	1.4	1.4	24	1.6	3
灰色粉砂质泥岩	2300	4.6	2.8	1.8	28	2.4	4
煤线	1400	2.4	1.4	1.4	24	1.6	3
灰色粉砂质泥岩	2300	4.6	2.8	1.8	28	2.4	4
煤线	1400	2.4	1.4	1.4	24	1.6	3
灰色泥岩	2400	14	9	2.1	32	2.2	4
煤线	1400	2.4	1.4	1.4	24	1.6	3
泥质粉砂岩	2600	21	14	3	36	2.9	5

3.1.2　动力荷载及边界条件

UDEC 模型施加动力扰动时，需在模型底部采用静态边界，在两侧设置自由边界。在计算中，将其设置为一单元宽度的"列模型"，长度为模型两侧的高，从而使得应力波可向两侧传播扩展，自由场"列模型"离散成 50 单元。自由场模型与主体分析模型应是相同的应力状态，因此需要对自由场"列模型"进行同样的初始平衡。表 3-2 为自由场边界计算参数。图 3-3 为数值模型动力计算边界。

表 3-2　自由场边界的计算参数

类别	密度/(kg/m³)	弹性模量/GPa	泊松比
自由场边界	2600	4.7	0.2

在巷道正上方的顶板煤层中施加动力扰动，用于模拟上方煤层开采时产生的应力波，计算时间取 10s，UEDC 模型选取局部阻尼，阻尼系数取 0.05。输入的应力波采用正弦剪切波。

图 3-3　数值模型动力计算边界

3.1.3　不同应力波峰值对巷道稳定性的影响

1. 巷道围岩裂隙发育

应力波峰值设置为 0MPa、10MPa、20MPa、30MPa、40MPa、50MPa，不同应力波峰值下巷道围岩裂隙演化如图 3-4 所示。当应力波峰值从 0MPa 增加到 50MPa 时，顶板的裂隙发育扩展范围由 3m 增加到 6.5m，帮部的裂隙发育扩展范围由 2.5m 增加到 5.5m。可以看出，动力扰动对巷道围岩裂隙扩展具有显著的影响，巷道维护时应充分考虑可能受到的动力扰动，选择较强的支护方案，维护巷道稳定。

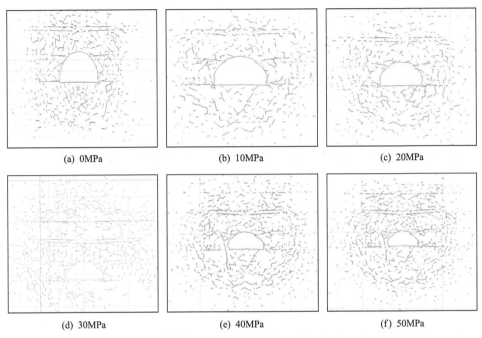

(a) 0MPa　　　　　　(b) 10MPa　　　　　　(c) 20MPa

(d) 30MPa　　　　　　(e) 40MPa　　　　　　(f) 50MPa

图 3-4　不同应力波峰值下巷道裂隙演化

2. 巷道塑性区分布

图 3-5 为不同应力波峰值下巷道塑性区扩展情况，当应力波峰值由 0MPa 增加到 50MPa 时，拉破坏主要出现在巷道围岩表面，拉破坏单元由 23 个增加到 36 个，增加了 56.5%。塑性屈服单元数目由 683 个增加到 1620 个，增加了 137.2%。可以看出，动力扰动对于巷道塑性区扩展范围具有显著的影响，随着应力波峰值的逐渐增大，巷道塑性区出现大范围恶性扩展，巷道围岩趋于失控。

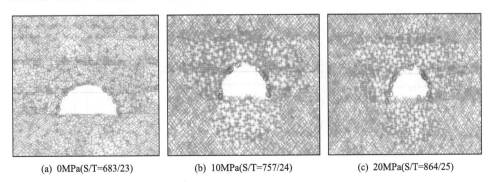

(a) 0MPa(S/T=683/23)　　　(b) 10MPa(S/T=757/24)　　　(c) 20MPa(S/T=864/25)

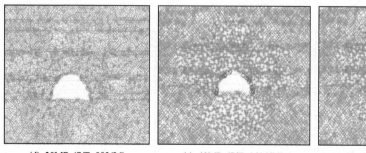
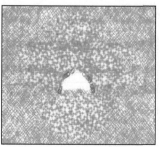

(d) 30MPa(S/T=983/26)　　　(e) 40MPa(S/T=1404/30)　　　(f) 50MPa(S/T=1620/36)

图 3-5　不同应力波峰值下巷道塑性区分布(S 代表剪切破坏，T 代表拉破坏)

3. 巷道围岩位移

不同应力波峰值下巷道位移等值线及围岩变形量如图 3-6 和图 3-7 及表 3-3 所示，当应力波峰值从 0MPa 增大到 50MPa 时，巷道顶板下沉量、底板变形量、两帮变形量由 250mm、140mm、360mm 分别增大到 870mm、330mm、960mm，分别增加了 248%、136%、167%。此外，巷道顶板下沉量和两帮变形量与应力波峰值大致呈线性关系，随着应力波峰值的增大，底板变形量增加缓慢，底板对应力波峰值不如顶板和两帮敏感。巷道变形以顶板和两帮为主，底板变形较小。

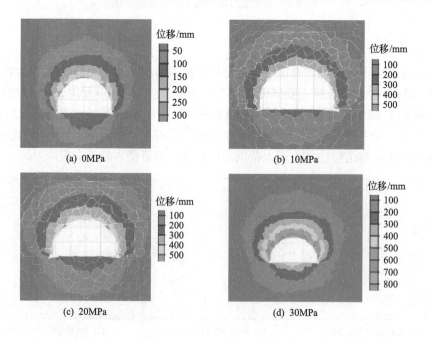

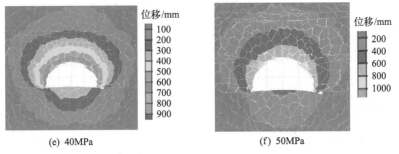

(e) 40MPa　　　　　　　　　　(f) 50MPa

图 3-6　不同应力波峰值下巷道位移等值线

表 3-3　不同应力波峰值下围岩变形量

围岩变形量	0MPa	10MPa	20MPa	30MPa	40MPa	50MPa
顶板下沉量/mm	250	360	510	620	730	870
底板变形量/mm	140	170	210	280	306	330
两帮变形量/mm	360	410	478	640	810	960

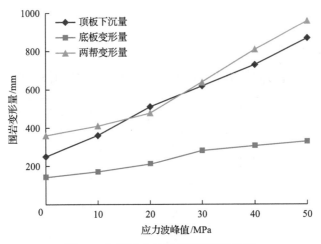

图 3-7　不同应力波峰值下围岩变形量

3.1.4　不同应力波频率对巷道稳定性的影响

1. 巷道围岩裂隙发育

应力波频率共设置为 10Hz、25Hz、50Hz、100Hz、150Hz、200Hz，图 3-8 为不同应力波频率下巷道围岩裂隙演化情况。可见，应力波频率由 10Hz 增加到 200Hz，巷道顶板和帮部裂隙发育扩展范围在 1～2m，变化较小。可见，应力波频率对于巷道裂隙扩展影响较小。

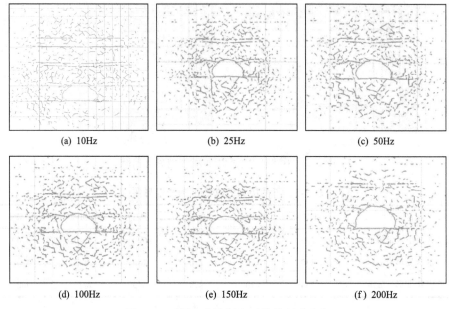

图 3-8　不同应力波频率下巷道裂隙演化

2. 巷道塑性区分布

图 3-9 为不同应力波频率下巷道塑性区扩展情况,应力波频率由 10Hz 增加到

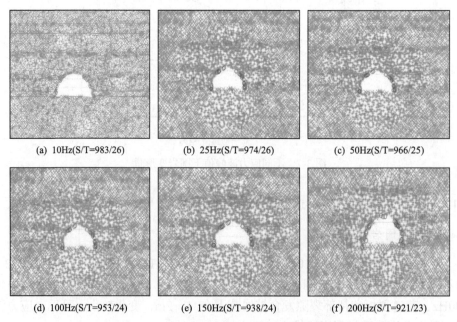

图 3-9　不同应力波频率下巷道塑性区扩展

200Hz，巷道塑性区范围变化很小，呈现缓慢减小的趋势，拉破坏单元由 26 个减小到 23 个，塑性屈服单元数目由 983 个减少到 921 个。

3. 巷道围岩位移

由图 3-10 和表 3-4 可知，随着应力波频率的增加，巷道变形量变化幅度很小，但顶底板和两帮呈现不同的变化特征。不同应力波频率下围岩变形量如图 3-11 所示。从图可以看出，当应力波频率从 10Hz 增大到 200Hz 时，巷道顶板及底板变形量由 640mm、290mm 减小到 582mm、253mm，分别减少了 9.0%、12.8%。两帮变形量由 620mm 增大至 660mm，增大了 6.5%。

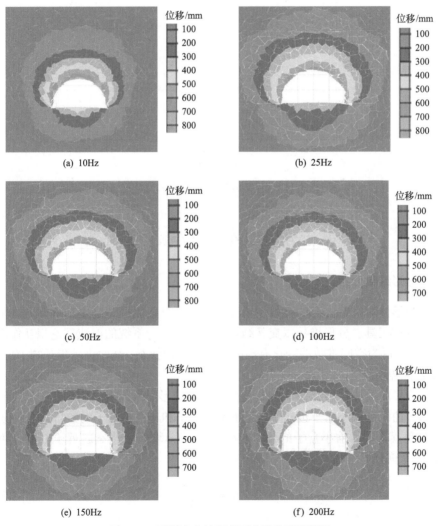

图 3-10　不同应力波频率下巷道位移等值线

表3-4　不同应力波频率条件下围岩变形量

围岩变形量	10Hz	25Hz	50Hz	100Hz	150Hz	200Hz
顶板下沉量/mm	640	634	627	610	594	582
底板变形量/mm	290	285	280	268	260	253
两帮变形量/mm	620	626	630	640	650	660

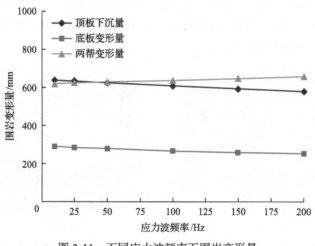

图3-11　不同应力波频率下围岩变形量

3.2　基于分形维数的围岩裂隙演化规律

3.2.1　分形维数介绍

复杂形体对空间占有的有效性情况可由分形维数表征，是复杂形体不规则性量度的一种工具。分形维数以交叉结合的方式与动力系统的混沌理论相互作用，相互依赖，认为空间维数的变化有离散和连续两种状态，从而进一步开阔了思维，并拓宽了视野。

把分形曲线放在边长为 r 的小盒内，有的分形曲线没有占用小盒子的空间，有的部分曲线则被小盒子覆盖了。记下空小盒子和非空小盒子的数目，用 $N(r)$ 来表示非空盒子数。缩小盒子的尺寸时会使得 $N(r)$ 增大，当 r 趋近于 0 时，可用式 (3-1) 计算分形维数：

$$D = \lim_{r \to 0} \frac{\ln N(r)}{\ln \dfrac{1}{r}} \tag{3-1}$$

在计算盒维数时，采用基于数字图像处理技术和分形维数理论自主编程的分形维数计算平台进行计算，该计算平台是在 C++语言背景下进行计算的，可以快速计算二维数字图像的分形维数。裂隙场伴随着泥质动压巷道围岩的破坏而逐步发育，裂隙场的分布看似杂乱无章，实际在不同尺度上，图形的规则性是相同的，具有自相似特征，分形理论可以很好地描述这一非线性问题。图 3-12～图 3-14 为部分裂隙分形维数计算图。

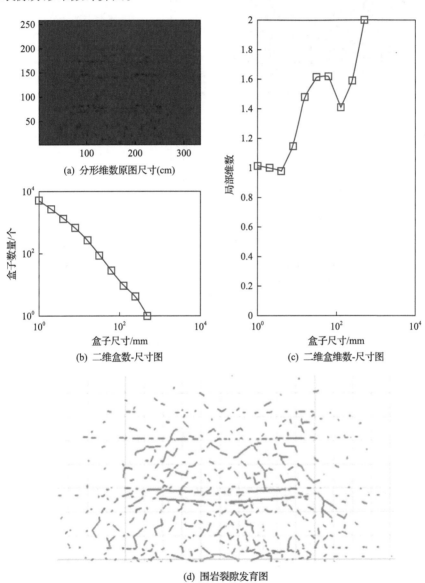

(a) 分形维数原图尺寸(cm)

(b) 二维盒数-尺寸图

(c) 二维盒维数-尺寸图

(d) 围岩裂隙发育图

图 3-12　巷道顶板裂隙分形维数计算图

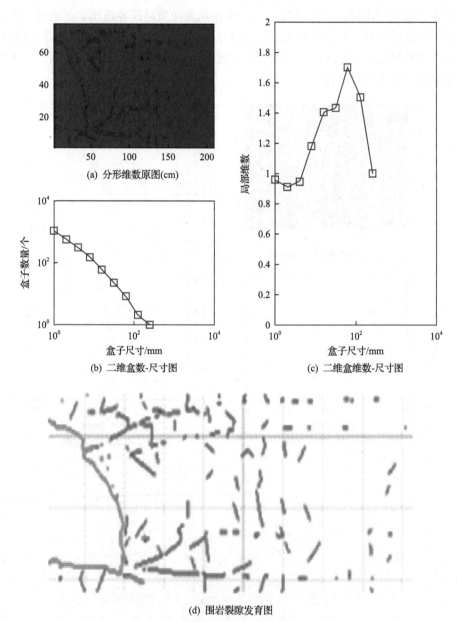

(a) 分形维数原图(cm)

(b) 二维盒数-尺寸图

(c) 二维盒维数-尺寸图

(d) 围岩裂隙发育图

图 3-13　巷道右帮裂隙分形维数计算图

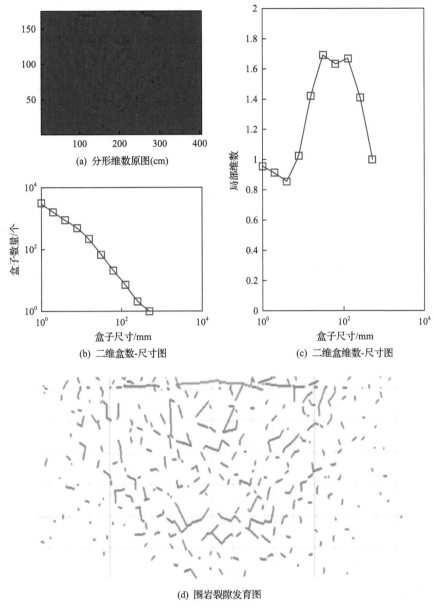

(a) 分形维数原图(cm)

(b) 二维盒数-尺寸图

(c) 二维盒数维数-尺寸图

(d) 围岩裂隙发育图

图 3-14 巷道底板裂隙分形维数计算图

3.2.2 裂隙分形演化特征

利用 3.1 节数值模拟结果, 以不同应力波峰值为例, 分析巷道围岩裂隙分形演化特征。

1. 顶板裂隙分形演化特征

图 3-15 是不同应力波峰值下巷道顶板裂隙场及与之相匹配的盒子数和盒子尺

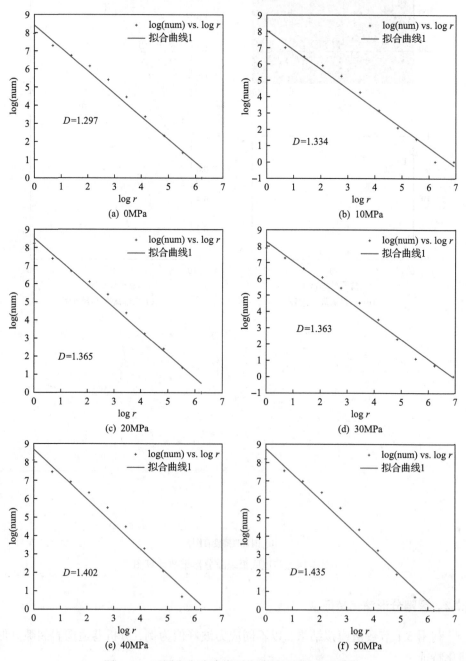

图 3-15　不同应力波峰值下巷道顶板裂隙分形维数

寸的双对数曲线图。随着应力波峰值的增加，顶板裂隙的分形维数逐渐增加，应力波峰值从 0MPa 增加到 50MPa，分形维数从 1.297 增加到 1.435，增大了 10.6%，分形维数呈现缓慢增加趋势，未出现明显跳跃现象，如图 3-16 所示。

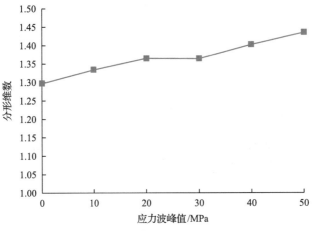

图 3-16 顶板裂隙分形维数演化曲线

2. 底板裂隙分形演化特征

图 3-17 为不同应力波峰值下巷道底板裂隙分形维数，可见，随着应力波峰值的增加，底板裂隙的分形维数整体呈现增加趋势，其间出现了先降低后增加的变化形态，应力波峰值由 0MPa 增加到 50MPa，分形维数从 1.314 增加到 1.381，如图 3-18 所示。

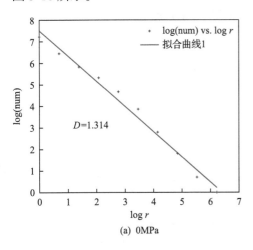

(a) 0MPa

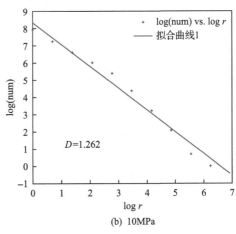

(b) 10MPa

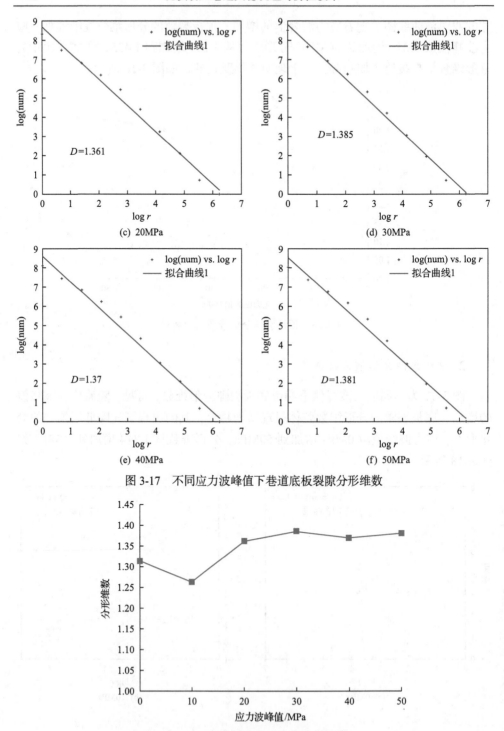

图 3-17 不同应力波峰值下巷道底板裂隙分形维数

图 3-18 底板裂隙分形维数演化曲线

3. 帮部裂隙分形演化特征

以巷道右帮为例进行分析，图 3-19 为不同应力波峰值下巷道右帮裂隙分形

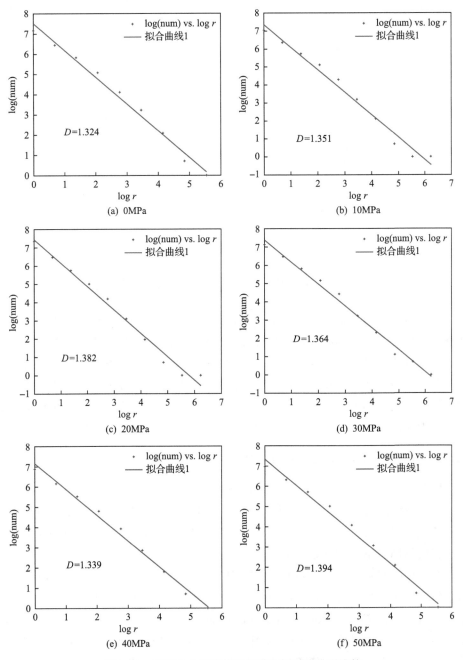

图 3-19 不同应力波峰值下巷道右帮裂隙分形维数

维数，可见，随着应力波峰值的增加，右帮裂隙的分形维数整体呈现增加趋势，与底板类似其间也出现了先降低后增加的变化形态，应力波峰值由 0MPa 增加到 50MPa，分形维数从 1.324 增加到 1.394，如图 3-20 所示。

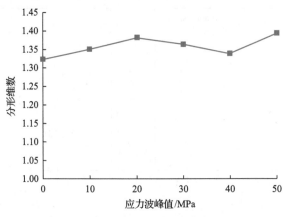

图 3-20　右帮裂隙分形维数演化曲线

3.3　工作面采动对巷道稳定性影响

在数值计算中，除了考虑应力波对巷道稳定性的影响外，采煤工作面回采对巷道稳定性的影响也不容忽视。以山脚树煤矿 1200 运输平巷为工程背景，采用 FLAC3D 建立数值模型，为了更加深入地分析工作面采动对巷道的影响，更好模拟上覆岩层破断产生的动力扰动，数值模拟中考虑了工作面静态开采和开采扰动两种情况，其中静态开采没有涉及上覆岩层破断产生的动力扰动，开采扰动通过施加应力波模拟扰动载荷，以期实现对工作面采动效应更真实的模拟。

3.3.1　工作面静态开采对巷道稳定性的影响

模型长宽高为 300m×50m×150m，建模过程利用 AutoCAD 画出剖面图导入数值模拟软件的 Extrusion 模块建立网格图，如图 3-21 和图 3-22 所示。对模型底部及两侧进行约束，模型顶部施加均布载荷 19MPa，采用 Mohr-Coulomb 本构模型，岩层物理力学参数见表 3-5。

在工作面回采过程中，巷道在工作面超前支承应力影响下容易发生变形失稳。为了研究工作面推进度对巷道稳定性的影响，模型开采设置 6 组，分别为工作面距离巷道水平距离 0m、20m、40m、60m、80m、100m。

图 3-23 为巷道右帮变形图，从图中可以看出，巷道距离工作面越近，变形量越大。距工作面 100m 时巷道右帮变形量为 26.7mm，距工作面 80m 时巷道右帮

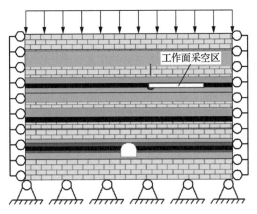

图 3-21　数值模型示意图

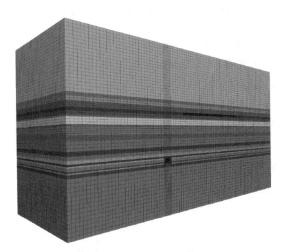

图 3-22　数值模型整体图

表 3-5　岩层物理力学参数

岩层 类别	密度 /(kg/m³)	黏聚力 /MPa	内摩擦角 /(°)	抗压强度 /MPa	弹性模量 /GPa	泊松比	抗拉强度 /MPa
泥质粉砂岩	2210	1.6	28	20.6	10.16	0.21	0.92
粉砂岩	2350	0.8	30	20.2	8.29	0.23	1.28
煤层	1210	0.6	20	7.8	9.05	0.37	0.61
泥岩	2218	0.7	25	10.5	14.2	0.22	0.85

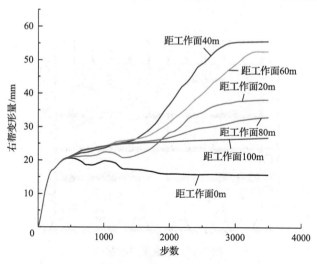

图 3-23　工作面不同推进度巷道右帮变形量

变形量增加了 32.3mm，距工作面 60m 时巷道右帮变形量增加 52.5mm，距工作面 40m 时巷道右帮变形量增加 55.6mm，距工作面 20m 时巷道右帮变形量增加 43.3mm，距工作面 0m 时巷道右帮变形量增加 15.7mm。由于数值模拟中工作面采用一次开挖，因此图 3-23 中变形量代表巷道新增的位移量，巷道右帮变形量累计增加 193.8mm。整体来看，随着工作面的不断推进，巷道累计变形量不断增大，增加幅度变缓。

　　图 3-24 为巷道顶板变形图，从图中可以看出，巷道距离工作面越近，变形量越大。距工作面 100m 时巷道顶板变形量为 37.1mm，距工作面 80m 时巷道顶板

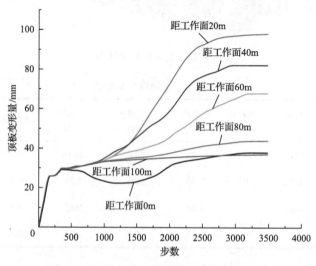

图 3-24　工作面不同推进度巷道顶板变形量

变形量增加至 44.0mm, 距工作面 60m 时巷道顶板变形量增加至 67.7mm, 距工作面 40m 时巷道顶板变形量增加至 82.2mm, 距工作面 20m 时巷道顶板变形量增加至 98.6mm, 距工作面 0m 时巷道顶板变形量增加至 38.2mm。在工作面采动影响下, 顶板变形规律与右帮一致, 但变形量比右帮大, 巷道顶板变形量累计增加 367.8mm。巷道顶板下沉与巷道围岩垂直应力分布情况密切相关。随着工作面的不断开采, 工作面下方出现应力重分布, 存在卸压区和应力集中区, 如图 3-25 所示。距工作面 100m 时, 工作面开采导致的应力调整尚未波及巷道, 因此巷道围岩应力分布较为均衡。距离工作面 0m 处, 巷道两帮出现垂直应力不均匀分布状态。

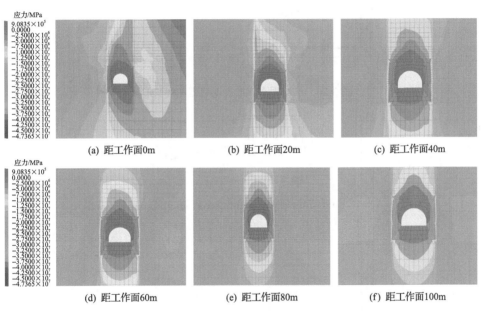

图 3-25　工作面不同推进度巷道垂直应力分布(MPa)

图 3-26 为巷道左帮变形图, 距工作面 100m 时巷道左帮变形量为 26.2mm, 距工作面 80m 时巷道左帮变形量增加了 25.8mm, 距工作面 60m 时巷道左帮变形量增加 28.2mm, 距工作面 40m 时巷道左帮变形量增加 34.8mm, 距工作面 20m 时巷道左帮变形量增加 46.6mm, 距工作面 0m 时巷道左帮变形量增加 48.0mm。巷道左帮变形量累计增加 209.6mm, 巷道距离工作面越近, 左帮变形量越大, 与右帮相比, 左帮变形量随着工作面的推进增加越来越快。

图 3-27 为巷道底板变形图, 距工作面 100m 时巷道底板变形量为 34.4mm, 距工作面 80m 时巷道底板变形量增加 34.0mm, 距工作面 60m 时巷道底板变形量增加 35.1mm, 距工作面 40m 时巷道底板变形量增加 37.2mm, 距工作面 20m 时巷道底板变形量增加 37.9mm, 距工作面 0m 时巷道底板变形量增加 48.8mm。巷道底板变形量累计增加 227.4mm, 增加量与右帮相当。

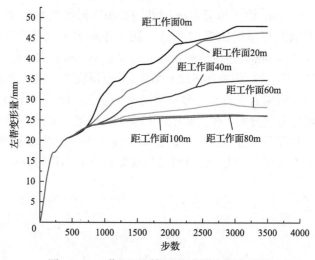

图 3-26　工作面不同推进度巷道左帮变形量

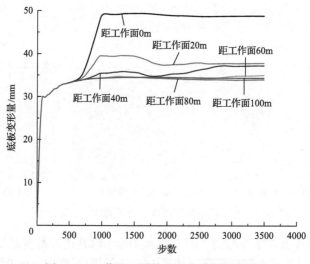

图 3-27　工作面不同推进度巷道底板变形量

3.3.2　工作面开采扰动对巷道稳定性的影响

为更好模拟覆岩破断产生的动载扰动，在工作面开采处施加频率为 1Hz、峰值为 1MPa 的应力波，模型底部施加黏性边界，如图 3-28 所示，研究巷道围岩力学响应特征。

图 3-29 为巷道右帮变形图，从图中可以看出，距工作面 100m 时巷道右帮变形量为 90.7mm，距工作面 80m 时巷道右帮变形量增加了 107.4mm，距工作面 60m 时巷道右帮变形量增加了 143.8mm，距工作面 40m 时巷道右帮变形量增加了

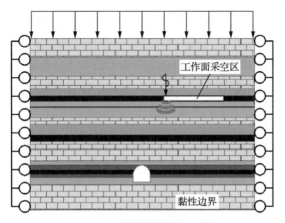

图 3-28　动载扰动模型示意图

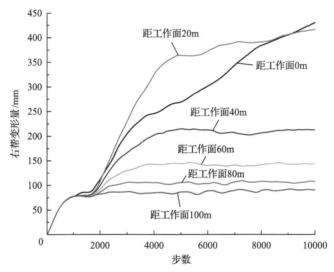

图 3-29　动载扰动工作面不同推进度巷道右帮变形量

212.4mm，距工作面 20m 时巷道右帮变形量增加了 416.1mm，而距工作面 0m 时巷道右帮变形量增加了 430.8mm，且位移没有收敛。巷道右帮变形量累计增加超过 1400mm，是不施加动载扰动时的 6.1 倍，表明动载扰动对巷道稳定性具有显著影响，是巷道支护中必须重点考虑的因素。

左帮变形量累计增加达到 1216mm，略小于右帮，需要关注的是，距工作面 0m 时巷道左帮变形量增加 701.8mm，是右帮的 1.6 倍，并且位移没有收敛趋势，如图 3-30 所示，巷道水平位移分布如图 3-31 所示。

图 3-32 为巷道顶板变形图，当巷道距工作面 100m 时顶板变形量为 137mm，为静载作用下的 3.7 倍，距工作面 80m 时巷道顶板变形量增加了 149.7mm，距工

作面 60m 时巷道顶板变形量增加了 137.2mm，距工作面 40m 时巷道顶板变形量增加了 150.2mm，距工作面 20m 时巷道顶板变形量增加了 219.1mm，距工作面 0m 时巷道顶板变形量增加了 154.7mm。在动力扰动下，巷道顶板变形量累计增加了 948mm，是巷道失稳破坏的关键部位。因此，在巷道初期支护参数设计时，应

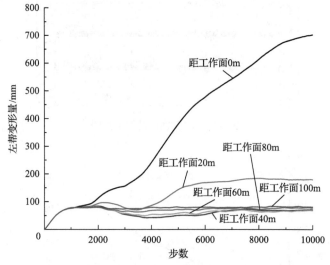

图 3-30 动载扰动工作面不同推进度巷道左帮变形量

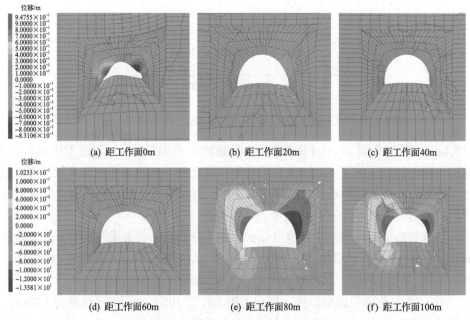

图 3-31 动载扰动巷道水平位移分布（m）

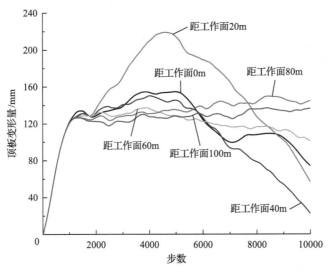

图 3-32 动载扰动工作面不同推进度巷道顶板变形量

考虑提供较大的支护阻力,从而抑制巷道裂隙的扩展和贯通,限制巷道出现过大变形。

从图 3-33 中可以看出,在工作面推采至巷道正上方时,巷道底板变形量呈现明显的线性增加,且变形量超过巷道高度的 50%。由于工作面采动影响,底板是巷道的关键部位,在受工作面采动影响强烈的石门等准备巷道应加强对底板的治理。

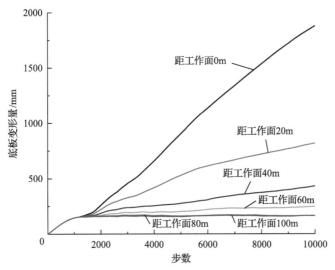

图 3-33 动载扰动工作面不同推进度巷道底板变形量

定义巷道表面位移倍数为工作面开采扰动下巷道位移量与巷道开挖后位移量的比值，旨在表征工作面开采扰动对巷道稳定性的影响。从图 3-34 中可以看出，巷道表面位移倍数与工作面距离呈现非线性关系。随着距工作面距离的减小，巷道变形倍数逐渐增加，且增长速率呈现增大的趋势，工作面从 20m 推移至 0m 时，巷道变形最为剧烈。从图 3-34 中还可以得出，开采扰动对巷道位移影响的大小排序为底板＞右帮＞左帮＞顶板。

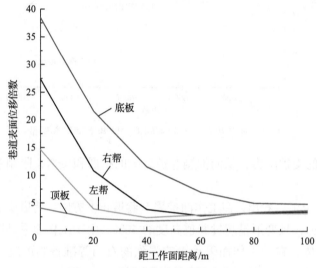

图 3-34　巷道表面位移倍数演化规律

第4章　泥质动压巷道围岩控制关键技术

4.1　巷道围岩控制理论与原则

4.1.1　巷道围岩控制理论

我国煤矿以井工开采为主，需要在井下掘进规模巨大的巷道工程，每年新掘巷道约 12000km。巷道的畅通与稳定是保障煤矿安全、高效生产的必要条件。巷道围岩控制是研究巷道从开挖到报废全服务周期中矿山压力显现规律及其控制的学科。泥质动压巷道围岩以泥岩、粉砂岩及砂岩为主，强度多在 10～60MPa，而且受到风化、水的作用，强度往往显著劣化。此外，煤岩层中还存在层理、节理等结构弱面，导致巷道围岩比较破碎，完整性较差。巷道服务期间要经历开挖、稳定、采动影响的全过程，采动应力高达原岩应力的 2～5 倍。另外，回采巷道绝大部分为矩形、梯形等折线断面，易出现应力集中，受力状态差。为减少煤炭资源损失，沿空掘巷、沿空留巷应用越来越广泛，护巷煤柱宽度小，甚至无煤柱，但采动影响更加剧烈。

1. 巷道围岩控制理论分类

国内外学者提出多种巷道围岩控制理论，目的主要有两方面：一是保持围岩稳定，避免顶板垮落、巷帮片落，保证巷道安全；二是控制围岩变形，保证巷道断面满足生产要求。康红普院士[100]将巷道围岩控制原理归纳分为五大类。第一类是控制围岩松动载荷。该原理将支护与围岩看成独立的两部分，认为破坏范围内围岩自重是需要支护控制的载荷，以此进行支护参数设计。该原理认为支护对围岩的破坏范围没有影响或影响很小，支护只是被动地承受围岩松动载荷。第二类是控制围岩变形。该原理将支护对巷道表面的作用简化为均布的压应力，采用弹塑性、黏弹塑性等理论，分析有支护时的围岩应力、位移及破坏范围，研究支护载荷与巷道表面位移的关系，得出支护压力-围岩位移曲线，进而确定合理的支护载荷、刚度及时间。第三类是在围岩中形成承载结构。该原理主要针对锚杆支护提出，将支护与围岩看成有机的整体，两者相互作用，共同承载。支护的作用主要是在围岩中形成组合梁、组合拱、连续梁等结构，充分发挥围岩的自承能力，实现以围岩支承围岩。第四类是改善围岩力学性质。该原理主要针对锚杆支护与注浆加固提出。侯朝炯和勾攀峰[41]提出的锚杆支护围岩强度强化理论认为，围岩中安装锚杆后可不同程度地提高其力学性能指标，改善围岩力学性质，尤其是对围岩的峰后力学特性有更明显的作用。注浆加固可提高结构面的强度和刚度及围岩整体强度；可充填压密裂隙，降低围岩孔隙率，提高围岩强度；同时可封闭水源、隔绝空气，减轻水、风化对围岩强度的劣化。第五类是应力控制。应力控制主要有三种形式：一是将巷道布置在应力降低区，从根本上减小围岩应力；二是将围岩浅部的高应力向围岩深部转移，保护浅部围岩的同时充分发挥深部围岩的承载能力；三是减小围岩应力梯度，尽量使围岩应力均匀化，避免局部高应力区破坏导致围岩整体性失稳。

2. 预应力支护理论

巷道围岩变形与破坏是一个逐步发展的过程，煤矿巷道大变形主要是由偏应力作用下的围岩扩容引起的，包括围岩拉伸、剪切破裂，结构面离层、滑动，岩块转动等。评价锚杆支护能力有支护强度与刚度两大类指标，前者是抗破坏能力，后者是抗变形能力。支护强度、刚度对围岩变形与破坏均有显著影响。锚固体的刚度除与被锚岩层的力学性质有关外，还与锚杆支护参数，包括锚杆直径、杆体弹性模量、锚杆长度、锚杆安装时间、预应力及锚固方式等多种因素有关。锚固体的刚度随时间不断发生变化，特别是锚杆刚安装后的锚固体初始刚度，对控制围岩的早期变形，特别是顶板离层、结构面滑动等，以及后续变形极为重要。

康红普院士[100]对锚杆支护的时空支护作用提出以下几点认识。

(1)关于支护时间。巷道开挖后应立即安设锚杆，锚杆安装越及时，锚固体的初始刚度越大，控制围岩早期变形的效果越好。相反，如果不及时支护，在掘进工作面位置顶板已下沉 30%~40%的情况下，继续让顶板变形一定量，顶板发生离层后再支护，锚杆支护效果会受到显著影响。

(2)关于支护位置。围岩变形、破坏范围与距掘进工作面的距离密切相关。滞后工作面 1m 处顶板下沉量已达到 50%左右。在围岩位移、破坏范围比较小时，安设锚杆对控制围岩进一步变形和破坏有利。因此，锚杆安设位置距离掘进工作面越近越好。

(3)关于锚杆预应力。锚杆受力变化曲线如图 4-1 所示，曲线 1 是低预应力锚杆曲线，锚杆安装后受力很小，支护作用弱；曲线 5 是高预应力、高强度锚杆曲线，锚杆安装后立即就能有效控制围岩变形，锚杆受力变化不大；曲线 2、4 中锚杆的预应力虽然达到一定值，但锚固区的初始刚度还较低，不能有效控制锚固区离层，致使锚杆受力增加很快，当锚杆承受的载荷达到其强度后出现破断(曲线2)，当载荷达到锚杆锚固力后锚杆被拉出(曲线 4)；曲线 3 是一种理想状态，锚杆在围岩变形过程中锚固力保持稳定，不降低。可见，预应力是影响锚杆支护效果的关键参数，大幅度提高锚杆预应力可以有效改善支护效果，预应力提高至

200kN 以上，是实现大间排距单一支护技术的关键。

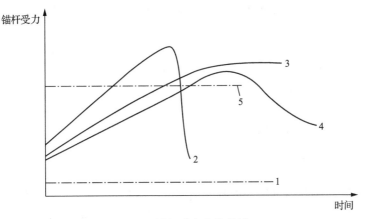

图 4-1　锚杆受力变化曲线

1-低预应力；2，3，4-中预应力；5-高预应力

(4)关于锚杆锚固方式、长度及密度等参数。预应力锚杆与建筑行业中的预应力钢筋混凝土结构有很大的相似性。有效的锚杆锚固方式是先进行端部锚固，然后施加预应力，锚固剂固化后实现全长预应力锚固。锚杆长度应保证锚固区内形成一定厚度的承载结构，支护密度应保证锚固区内形成连续分布的压应力区。锚杆长度、密度应与预应力、直径、强度等参数相匹配。

综上所述，预应力锚杆支护理论如图 4-2 所示，其要点如下。

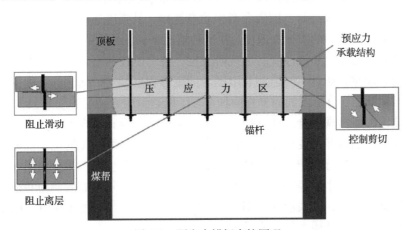

图 4-2　预应力锚杆支护原理

(1)锚杆的本质作用是控制围岩的不连续、不协调扩容变形，包括围岩拉伸、剪切破裂，结构面离层、滑动，岩块转动等，减少围岩强度劣化，保持围岩完整性，充分发挥围岩自承能力。

(2)锚杆预应力及其有效扩散到围岩非常关键，对支护效果起决定性作用。合理的锚杆预应力可有效控制围岩离层，使围岩处于压应力状态，在锚固区形成预应力承载结构。

(3)锚杆支护对围岩的连续变形，如弹塑性变形、整体挤出等没有明显的控制作用，这部分变形应予以释放。另外，锚杆各部位的变形各不相同，局部大变形可能引起锚杆破坏。因此，要求锚杆应具有足够的延伸率和冲击韧性。

(4)高预应力、高强度、高延伸率锚杆支护是大变形巷道的有效支护方式。应尽可能一次支护就能有效控制围岩变形，避免二次、多次支护和维修。

4.1.2 动态分步加固原则

针对泥质动压巷道维护中面临的诸多问题，提出动态分步加固、过程管控的围岩综合控制原则。巷道稳定性控制主要是围岩与支护两者在强度、刚度和结构上充分耦合的过程，若巷道产生变形破坏主要是围岩与支护的整体破坏，软岩工程力学认为，支护体与围岩实现耦合，要在保持巷道围岩本身的承载力的同时充分地释放储存在巷道围岩中的弹性应变能。现代支护理论重视巷道围岩在自身变形与稳定过程中，通过支护结构去实现与巷道围岩的耦合支护，改善支护围岩结构的力学性能，实现主动支护。

泥质动压巷道的施工与维护是一个非线性大变形的力学过程，拥有复杂的变形力学机制，巷道稳定性与各种力学对策的施加方式、施加过程相关，根据岩体及工程特点运用动态规划原理及非线性大变形力学原理设计有效的支护手段及施工顺序。进行巷道掘进时，围岩会产生动态变化，其强度逐渐下降，这种变化随着围岩内部和外部力的改变而改变。在这种情况下，巷道再受到其他因素的影响，使得巷道的动态变化急剧改变，出现阶段性，各个阶段的强度变化和力学性能显现出不同的规律，通过实时监测巷道围岩的变形程度和支护结构的强度变化，主要采取加固补强、分阶段加固补强两种手段，以达到围岩稳定的效果，形成强度、刚度和结构都能实现耦合。在支护手段组合的选择上应在不丧失围岩自稳能力的同时充分释放围岩弹性变形能，强化围岩支撑结构，采取最优的主动加固方式，在最佳支护时段进行支护，如新型高性能材料围岩注浆加固、柔性喷层、高性能预拉力锚杆支护、小孔径锚索等技术。巷道围岩滞后注浆是滞后参与巷道稳定过程的一种支护手段，注浆前期的围岩稳定性基本取决于与其他支护方式的配合程度，因此注浆须与其他支护方式最优配合。

巷道围岩结构失稳和垮冒的根源在于围岩的强度弱化与破坏，图 4-3 是采用分步加固技术时巷道变形曲线图。

T1 是掘进期间围岩移动速度趋于缓慢的节点；T2 是掘进结束后，巷道围岩变形趋稳的节点；T3 是采取加强支护措施后，围岩移近速度再次降低的节点；T4 是再次加强支护后巷道围岩变形处于更低的水平趋于稳定的节点。V1 和 V2 是标准速度线的参考值,当工程服务期短,稳定速度只需达到 V1,后期加固技术实施的可能性较小。当工程服务期较长,需达到更低的稳定速度 V2,则需进一步使用分步加固技术。而在动压巷道支护选型的过程中,需优先选择具有如下特点的支护形式。

(1)直接着力点在周边浅部围岩,基于强度弱化、破坏特点,要求快速准确地实施加固手段。

(2)在围岩变形过程中采取维护措施,在不同时段使用"护""让""支""限"技术来适应围岩的变形特征,并在不破坏围岩承载力的同时最大限度地利用围岩的自承能力,实现以围岩支承围岩,实现围岩自身稳定。

(3)积极实施加固措施改善破裂岩体的力学性能,使围岩的自承能力达到极限,围岩形成整体结构。

(4)因构造应力的方向性、岩体赋存的分层性和不均匀性,巷道四周会出现薄弱部位,应快速实施主动支护方式,强化关键部位,实现巷道整体稳定。

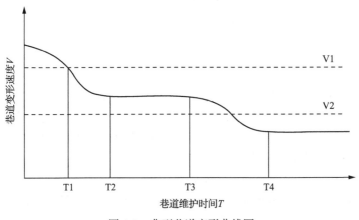

图 4-3 典型巷道变形曲线图

4.1.3 巷道围岩控制的过程原则

多数巷道围岩控制理论基于平面应变假设,认为巷道开挖和支护瞬间完成,围岩塑性区、破碎区立刻形成。这些假设与井下实际情况有较大出入,需要根据巷道掘进与支护的真实过程,分析围岩变形与破坏的演化过程。

图 4-4 以晋城寺河矿回采巷道为模拟对象,采用数值模拟得到了掘进工作面周围围岩应力与位移及破坏范围分布状况[71]。从图 4-4 中可得到以下几点。

(1)巷道开挖后,围岩应力在掘进工作面周围重新分布,出现应力降低区与升高区。影响范围从超前工作面一定距离开始,应力发生明显变化的位置距工作面的距离大致相当于巷道宽度,且越接近工作面应力变化越大;滞后工作面一定距

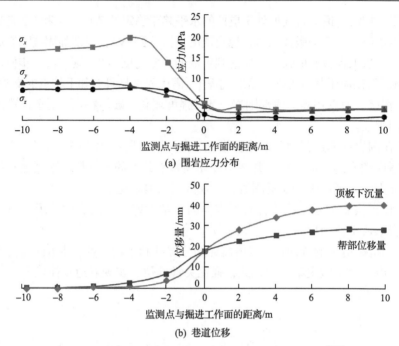

(a) 围岩应力分布

(b) 巷道位移

图 4-4　掘进工作面围岩应力与位移及破坏范围分布[101]

离,围岩应力变化得不明显,大约在 1.5 倍巷道宽度距离时趋于稳定。巷道轴线与最大水平主应力方向呈一定角度时,围岩应力分布与该角度有很大关系。

(2)围岩位移在超前工作面相当于巷道宽度的距离处开始增加,到工作面后方 1.5 倍巷道宽度距离时趋于稳定。顶板下沉总量的近 40%发生在掘进工作面位置;顶板下沉总量的近 50%发生在工作面后方 1m 的位置。可见,在井下巷道实施支护时,顶板已发生将近一半的下沉。如果要获得掘进全过程的围岩位移,只在掘进工作面后方设置监测点是不行的。

(3)掘进工作面围岩应力、位移与破坏区均与至工作面的距离密切相关,是空间位置的函数。如果再考虑施工速度,也是时间的函数。

(4)掘进工作面围岩经历了“原岩应力状态→掘前扰动状态→掘后空间应力状态→近平面应变状态”的演化过程。巷道围岩控制形式设计,支护位置与时间确定,必须建立在充分了解围岩变形破坏全过程的基础上。

4.1.4　强化支护原则

强化支护是随着机具、工艺、支护材料的进步而渐渐形成的,自 20 世纪 80 年代,国内外广泛应用的高强预应力树脂锚杆支护技术,是以锚杆杆体材料、施工机具、树脂锚杆技术的进步为基石,实践表明通过不断地探索巷道支护机理并创新、升级支护手段可以解决诸多实际问题。锚固体破坏后的力学参数可以通过锚杆支护来提高，通过提高被锚固体的力学性能，可以实现不同形状、不同状态及破裂程度的岩体强度的提高。强化支护是在高阻让压的支护原则下分步实施的，需要再次强调的是锚杆预紧力的大小对围岩稳定性起着决定性作用，巷道表面的剪切破坏在水平应力条件下是无法避免的，而预拉力锚杆可以隔离破坏向纵深发展，从而形成预应力结构。

1. 围岩应力状态强化

浅部岩石的破裂可能会导致巷道围岩产生变形，主要包含碎胀扩容和破裂岩体沿软弱岩层滑移变形，前者为松动变形，后者为占主导地位的结构性变形。若要维护巷道的稳定，最重要的是在巷道开挖后以最快速度恢复和改善围岩的应力分布状态，将巷道的应力状态从二向转换到三向。采取的措施越及时，围岩破裂的范围就可能越小，完整性维持得越好的围岩，其稳定性就越高，这就要求巷道开挖后需立即支护，并且使支护力达到足够的量值是十分必要的。

目前来说，最能符合以上要求的支护形式是以树脂药卷作锚固剂的高预应力锚杆支护。树脂药卷的快速固化作用能在较短时间内提供较强的黏结力，高强杆体能保持足够高的锚固力，使得在较短时间内让围岩快速恢复到利于稳定的三向应力状态，并且较大的轴向刚度束缚了围岩的张开变形幅度。除使用锚杆支护外，实践表明，以高强并具有一定韧性的混凝土喷层作为辅助支护，并在巷道表面300～500mm 范围内注入一定量的浆液，能使巷道表面破裂松动的岩体得到有效的固结与损伤修复，有利于调整围岩应力状态和保持岩体完整性，增加岩体自身强度，实现围岩长期稳定，减少巷道翻修次数。

针对破裂较为严重的围岩可以采用注浆强化，使用注浆加固方式是保持围岩整体性、增加围岩强度的有效措施之一。通常有以下两种方式：一是将注浆和锚杆两种方式相结合的锚注一体化支护技术，这种结合方式目前具有无可比拟的优越性，已普遍应用到巷道修复中。二是使用单独钻孔注浆加固方式，这种方式是建立在金属支架、锚杆支护或其他支护方式的基础上的。

2. 巷道围岩结构强化

因浅部巷道呈现低应力状态，采取以顶板为主的支护方案，但随着深度增加渐渐转变为顶帮同治、治顶先治帮，因此构建完善的整体支护围岩结构，加强帮角、底板等重要承载部位已成为必然之举。

1) 顶板的安全保障

普通高强锚杆支护和架棚支护是当前常用的顶板控制方式，二者属低初始支护力的支护方式，未能有效阻止松动范围变大，不能防止松脱型冒顶。当巷道受到垂直和水平方向的双重应力时，在巷道锚固区将产生变形弯曲，而锚固区的变形会导致挤压型垮冒，松动范围的扩大会导致有效锚固厚度减少。顶板强化支护主要是为了应对顶板的渐进离层垮冒，有效利用围岩自身的稳定性，通过增加锚杆的初始径向张力，快速使松脱区岩体和上位岩体挤压两者加固在一起，缩小顶板岩石松脱的范围。通过加大锚固范围，充分实现对深部围岩稳定性和自身强度的调动，形成理想的加固厚度，增加锚固区岩体的强度与抗剪刚度，弱化顶板的渐次离层与垮冒现象。

2) 底板是泥质动压巷道支护须加强的重要区域

对于埋深较小的巷道，其受到自重和水平的双重应力作用的影响也较低，所以浅部巷道通常不会出现无法预料的非线性大变形，但对受动压影响剧烈的高应力巷道来说，则是另一番现象，围岩水平应力向巷道顶底部转移，出现底板的大变形失稳现象。因此对泥质动压巷道的底板必须采取有效的支护方式，通过有效控制底板加大巷道整体承载结构的形成速度，确保巷道围岩稳定。

4.2　巷道围岩控制技术

基于我国煤矿巷道围岩条件及对围岩控制原理的认识，引进、研发出不同类型的巷道围岩控制技术。按围岩控制部位和原理可分为五种类型：①巷道围岩表面支护型。在巷道表面施加约束力控制围岩变形，包括各种支架、支柱、喷射混凝土、浇筑混凝土支护、砌碹支护等。②巷道围岩锚固型。支护构件不但作用在巷道表面，而且深入围岩内部，以加固围岩为主，包括锚杆与锚索支护。③巷道围岩改性型。通过改善巷道围岩物理力学性质，提高围岩强度和整体性，包括各种注浆加固方法。④巷道围岩卸压型。改善巷道围岩应力状态，降低或转移高应力，包括卸压开采和各种人工卸压技术。⑤联合控制型。采用上述两种及以上的方法联合控制巷道围岩变形。

4.2.1　巷道围岩表面支护技术

棚式支架是煤矿巷道传统的支护方式，从 1949 年到 20 世纪末，一直是煤矿巷道主体支护方式。目前，仍有一部分巷道采用棚式支架。支架材料经历了从木支架、混凝土支架、型钢支架到约束混凝土支架的发展过程。支架力学性能也发生了很大变化：工作特性从刚性支架发展到可缩性支架，支架架型从梯形、矩形、拱形等底板敞开式，发展到圆形、马蹄形、环形等全封闭型，以适应不同巷道围岩条件。

矿用工字钢大多用于制作刚性梯形、矩形支架。矿用工字钢已形成系列，有9 号、11 号及 12 号 3 种规格。可缩性支架主要采用 U 型钢制成，由 3～5 节或更多节搭接并用连接件连接而成。U 型钢主要有 U25、U29、U36 等型号。近年来开发的钢管混凝土支架、方钢约束混凝土支架及 U 型钢约束混凝土支架等，在钢管等外部约束材料中灌注混凝土，形成具有更高抗压强度的整体承载结构。约束混凝土拱架可实现外部约束和核心混凝土力的共生，具有高强、高刚的特性，其承载力可达相同截面型钢拱架的 2～5 倍，可对软弱围岩表面提供更高的径向抗力，从而提高围岩自承能力。这类支架适用于高应力、软岩巷道，特别是围岩整体挤出变形严重的巷道支护与维修。此外，支架的支撑能力、稳定性与其同巷道表面的接触状态有很大关系。两者接触不良会引起支架受力状态差、支撑能力大幅下降，同时不能及时支护围岩，被动承载。壁后充填是改善支架受力状况、提高承载能力的有效方法。淮南、铁法等矿区的深部、软岩巷道采用传统的 U 型钢可缩性支架，围岩变形大，需要多次翻修。实施支架壁后充填，支架阻力提高了 5 倍，巷道变形量下降 90%。

喷射混凝土技术从 20 世纪 70 年代开始在我国煤矿巷道应用。它不仅可封闭围岩、防止风化，而且能与围岩紧密黏结，起到径向支撑和传递剪应力的作用。另外，喷射混凝土经常与锚杆一起使用，充分发挥两种支护控制围岩变形的作用。锚喷支护已广泛应用于煤矿各类服务时间较长的巷道。喷射混凝土技术经历了从早期喷射水泥砂浆、干式喷射混凝土、潮式喷射混凝土，到湿式喷射混凝土的发展过程。还开发了钢纤维、聚丙烯纤维等纤维增强喷射混凝土，以改善喷射混凝土的力学性能。

砌碹是一种传统的支护方式，主要用于大巷、硐室及交叉点等地段。砌碹支护分为料石砌碹、混凝土块砌碹、装配式钢筋混凝土弧板支架、现浇(钢筋)混凝土等形式。当前，砌碹支护的用量越来越少。但是，对于井下马头门、水泵房等特殊工程，现浇(钢筋)混凝土支护有其独特的优势，还在继续使用。

4.2.2　巷道围岩锚固技术

我国煤矿 1956 年开始在巷道中使用锚杆支护。60 多年来，锚杆支护技术发生了很大变化，实现了跨越式发展。康红普等[74]认为主要表现在以下 10 个方面。

(1)从辅助支护发展到主体支护。锚杆支护试验应用初期，只单独应用于非常简单的条件，常常作为一种辅助支护，与金属支架联合使用，而且占比很小。直到 20 世纪 90 年代初，我国煤巷支护仍以型钢支架为主，锚杆支护所占比重在 10%以下。1996 年我国引进了澳大利亚锚杆支护技术，并进行了配套研发及示范工程，有力促进了我国煤矿锚杆支护技术的快速发展。进入 21 世纪以来，针对我国巷道复杂的特点，继续进行了连续不断的技术攻关，形成了具有中国特色的锚杆支护成套技术。目前，锚杆支护已从过去的辅助支护发展成为我国煤矿巷道的主体支护，锚杆支护率平均达到 75%以上，有的矿区几乎全部采用了锚杆支护。

(2)从低强度、被动支护发展到高预应力、高强度、主动支护。早期的金属锚杆杆体大多采用普通 Q235 圆钢制成,杆体直径小(14～18mm),拉断载荷低(50～100kN),采用端部锚固,强度和刚度均很低,不重视预应力,基本属于被动支护,支护效果差,适用范围小。之后,锚杆杆体材料改为螺纹钢,经历了普通建筑螺纹钢→右旋全螺纹钢→锚杆专用左旋无纵筋螺纹钢的发展过程。通过开发锚杆专用高强度钢材和普通螺纹钢热处理,大幅提高了杆体强度,同时保持了足够的伸长率和冲击韧性。如牌号 BHTB700 的锚杆钢材屈服强度达 700MPa,抗拉强度达 870MPa,分别是 Q235 圆钢的 3.0 倍和 2.3 倍。另外,在提高锚杆强度的同时,大幅提高了锚杆预应力(杆体屈服强度的 30%～50%),真正实现了锚杆的主动支护。最近,为了进一步提高锚杆强度与预应力,又研发出预应力钢棒锚杆,钢棒抗拉强度超过 1200MPa,锚杆尾部类似锚索,采用锚具锁紧,张拉施加预应力,克服了螺纹锁紧的弊端,锚杆预应力大幅提高,锚杆主动支护作用得到进一步提高。

(3)从端部锚固发展到加长、全长锚固。早期锚杆的锚固方式主要是楔缝式、倒楔式、涨壳式等机械锚固,锚固力低、可靠性差。1974～1976 年研制并试验了树脂端部锚固锚杆,锚固效果得到明显改善。为降低锚固成本,20 世纪 80 年代还研制出快硬水泥锚固锚杆。此外,还引进和应用了缝管式锚杆、水力胀管式锚杆等全长锚固锚杆。直到 1996 年引进澳大利亚锚杆支护技术后,才真正认识到锚固方式(端部锚固、加长锚固及全长锚固)对锚固体强度、刚度的重要作用。目前,树脂加长锚固、全长锚固锚杆已得到大面积推广应用,保证了锚固的可靠性和支护的有效性。

(4)从锚杆发展到锚索。早期的锚杆不仅强度低,而且长度小,一般为 1.4～1.8m,当围岩破坏范围超过锚杆长度时,锚杆支护的有效性就会受到质疑,这也是锚杆在破碎顶板、复合顶板等条件下只能作为辅助支护的主要原因。与锚杆相比,锚索长度大、承载力高,且可施加较大预应力。我国煤矿早在 20 世纪 60 年代就引进和试验了锚索支护技术,主要是大直径、多根钢绞线、水泥注浆锚固的锚索束,用于马头门、硐室及大巷等煤矿重点工程加固。小孔径树脂锚固预应力锚索是一种适用于煤巷的锚索,由煤炭科学研究总院 1996 年开发并应用,该锚索采用单根钢绞线,树脂药卷锚固,锚索安装速度满足了煤巷正常施工的要求,显著扩大了锚杆使用范围。在应用锚索的同时,对锚索钢绞线材料也进行了持续不断的研发。早期采用建筑行业标准的 1×7 结构、直径 15.24mm 的钢绞线,后来根据煤矿巷道对锚索材料的要求,开发出 1×19 结构、大直径、高延伸率的钢绞线,并形成系列(直径为 18mm、20mm、22mm、28.6mm)。

(5)从锚杆发展到锚注结合。锚杆杆体大多为实心钢筋,采用锚固装置或锚固剂与围岩相连,起到锚固作用。当围岩比较破碎时,锚杆锚固力会受到显著影响,不能满足设计要求,单独采用锚杆支护时巷道安全得不到保障。在这种条件下,研发出中空注浆锚杆、钻锚注锚杆等多种类型的锚注锚杆,兼有锚固与注浆双重作用。一方面,通过注浆可改善锚固段围岩的力学性质,提高锚杆锚固力;另一方面,注浆可改善整个锚固体甚至深部围岩的力学性能,同时起到锚固与注浆二重作用。除锚杆外,还研制出多种形式的注浆锚索。有实心索体配注浆管与排气管的注浆锚索,也有中空注浆锚索。与注浆锚杆相比,注浆锚索的长度更大,注浆范围更广,注浆压力也更大,对深部破碎煤岩体的加固效果更好。

(6)从单一锚杆群支护发展到锚杆组合支护。早期的锚杆彼此之间是独立的,至多与金属网一起使用,锚杆间缺乏有效的联结,整体支护作用弱。后来,逐步认识到锚杆组合构件、护表构件的重要性,开发出"W"形、"M"形等钢带及钢梁,不同形式的网片。以锚杆为基本支护,形成了多种组合支护方式,包括锚杆+钢带(钢筋托梁)支护,锚杆+金属网+钢带(钢筋托梁)支护,锚杆+金属网+钢带(钢筋托梁)+锚索支护,锚杆(锚索)+金属网+桁架支护等。

(7)从依靠经验设计发展到集理论分析、数值模拟、现场监测与反馈为一体的动态信息设计。早期的锚杆支护设计主要依靠经验,或简单的悬吊、组合梁等理论计算,设计的合理性、科学性及安全性较差。后来,在借鉴国外设计方法的基础上,认识到锚杆支护设计不是一蹴而就,而是一个动态过程,需要实时收集各阶段的信息,并及时进行反馈,不断修正设计。设计步骤包括:现场调查与地质力学评估;基于理论分析、数值模拟、多方案比较的初始设计;全面的围岩变形与支护体受力井下监测;监测数据反馈和修正设计;最后是日常监测。动态信息法适应了煤矿巷道复杂性、多变性的特点,得到了普遍认可与推广应用。

(8)从锚杆人工安装发展到机械化、自动化安装。锚杆支护应用初期,没有专门的安装机具,主要采用凿岩机,安装工艺复杂,工人劳动强度大,施工质量得不到保证。1986年我国引进和研发了多种专用单体锚杆钻机,并形成系列产品,满足了当时井下锚杆支护施工的需要。进入21世纪,锚杆钻机种类更加多样化,并与掘进机结合,提高了锚杆支护施工的机械化、自动化水平。锚杆台车、掘锚联合机组等先进设备的引进、研发与应用,使煤巷掘进速度突破月进千米大关。在顶板条件比较好的陕北等矿区,月进度甚至超过3000m。

(9)从锚杆支护人工监测发展到实时、在线监测。早期的锚杆支护缺乏必要的现场监测,对锚杆工作状态与支护效果了解不清。随着锚杆支护技术的发展,引进和开发了顶板离层指示仪、多点位移计、测力锚杆、锚杆(索)测力计等多种仪器。后来,又研发出巷道矿压综合监测系统,实现了矿压数据的实时、在线、自动监测及数据分析。这些矿压监测仪器在了解围岩变形破坏特征、支护体变形与受力状态、评价支护效果等方面起到重要作用,为保证巷道安全提供了有效手段。

(10)锚杆支护应用范围从岩巷发展到各类巷道。锚杆支护从最早只在岩巷中应用，逐步发展到煤巷及各类复杂困难巷道。从静压巷道到强烈动压影响巷道；从岩石顶板巷道到不稳定的煤顶和全煤巷道；从坚硬、完整围岩巷道到软岩、破碎围岩巷道；从实体煤巷道到沿空巷道；从浅埋深巷道到超千米深井巷道，涵盖了我国煤矿的各种巷道类型。

4.2.3 巷道围岩改性技术

巷道围岩改性主要指注浆技术，注浆可充填密闭岩体裂隙，并通过胶结作用提升岩体完整性和整体强度，从而显著改善围岩条件，现已成为破碎软弱围岩支护的重要技术手段。早在 20 世纪 50 年代我国煤矿就开始试验与应用注浆技术，经过几十年的发展，形成了具有中国特色的巷道注浆加固技术。目前关于注浆技术的研究主要体现在注浆材料、注浆设备、注浆工艺等方面。

(1)注浆加固材料。早期的注浆材料主要是石灰、黏土、水泥等无机材料，后来发展到脲醛树脂、聚氨酯、聚亚胶脂、环氧树脂等高分子化学材料，再后来到无机有机复合注浆材料。水泥基注浆材料属于颗粒型材料，应用最为广泛。为了改善水泥的物理力学性质，开发了多种外加剂；为了提高水泥浆液的可注性与渗透性，研制出多种超细水泥，最大粒径<20μm，平均粒径 3～5μm。高分子材料属于溶液型材料，具有黏度低、渗透性强、固化速度快等优势，在巷道和采煤工作面超前加固等工期要求紧的工程中得到广泛应用。为了解决水泥基材料与高分子材料存在的问题，又开发出无机有机复合材料，不仅可降低注浆材料成本，又能保留无机和有机材料的优异性能，逐渐成为注浆材料的热点方向。

(2)注浆加固工艺与参数。注浆加固有多种工艺和分类方法。按浆液注入方式分为单液注浆与双液注浆；按被注围岩条件可分为充填、渗透、挤压、劈裂注浆及高压喷射注浆等。注浆加固参数包括钻孔参数(间排距、直径、深度、角度等)和注浆参数(压力、时间、注浆量等)。在井下实施注浆工程前，应根据巷道围岩条件，弄清注浆加固机制与作用，选择合理的注浆材料，确定合理的注浆参数，配套合理的工艺与设备，才能达到注浆加固的预期目标。

(3)注浆效果检测。注浆效果检测方法主要有钻心取样、钻孔壁观察、超声波、地质雷达及数字钻进测试等。在注浆围岩中钻取岩心分析注浆效果是最早的方法，也可采用钻孔窥视仪观察钻孔壁上结构面分布、浆液充填情况。另外，可采用物探方法，如超声波法、地质雷达等。超声波法通过测量超声脉冲波在围岩中传播的声学参数的相对变化，分析、评价注浆密实度与效果；地质雷达通过向注浆围岩发射高频电磁波，并接收介质反射电磁波，根据介质电性差异分析、解释注浆加固效果。

4.3　二次强力锚注技术

4.3.1　巷道围岩控制思路

根据泥质动压巷道围岩破碎、巷道变形量大等特点，需要对巷道进行注浆加固，将巷道围岩的完整性提高，同时在后期施加锚杆锚索联合支护时，锚杆与锚索施加的预紧力在锚固结构中形成相互连接、相互叠加的压应力区，有效控制巷道围岩变形。为了解决巷道大变形的特点，需要在对巷道提供较强的支护阻力的同时，也要在巷道处于高应力时允许让压变形，避免支护结构在高应力状态下断裂失效。因此，基于以上分析提出"二次强力锚注"支护技术方案。

"二次强力锚注"支护技术分为初次浅部支护及二次加强支护。初次浅部支护主要为浅部锚索支护和浅部注浆，通过对浅部围岩施加短注浆锚索，短注浆锚索通过锚索的张力以及浆液的作用提高浅部围岩的强度与完整性，形成一个完整的浅部支撑结构。二次加强支护，分为深部锚索支护和深部锚注加固，在初次支护完成后，对围岩施加深部注浆锚索，同时利用高压泵向深部围岩高压注浆，从而形成二次加强支护壳体，利用深部锚索将浅部支护与深部支护壳体相接，实现浅部支护结构与深部围岩支护结构耦合。同时深部锚索可以搭配大变形恒阻器，在允许巷道变形的同时，提供较大支护阻力，从而整体上提高巷道承载能力。

4.3.2　巷道控制效果分析

为验证"二次强力锚注"技术对泥质动压巷道的支护效果，采用 FLAC3D 数值模拟软件进行数值分析，数值计算模型如图 4-5 所示。模型支护方案按"二次

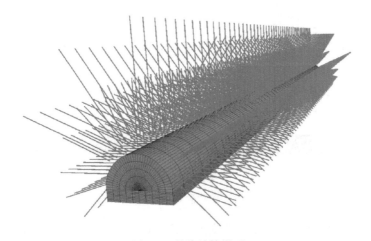

图 4-5　数值计算模型

强力锚注"支护方案实施，岩层物理力学参数见表 4-1，模型上方按 800m 上覆岩层自重施加均布载荷 20MPa，模型计算采用莫尔-库仑准则。

表 4-1　岩层物理力学参数表

岩层类别	密度/(g/cm³)	黏聚力/MPa	内摩擦角/(°)	抗压强度/MPa	弹性模量/GPa	泊松比	抗拉强度/MPa
泥质粉砂岩	2.21	1.6	28	20.6	10.16	0.21	0.92
粉砂岩	2.35	0.8	30	20.2	8.29	0.23	1.28
20#煤	1.21	0.6	20	7.8	9.05	0.37	0.61
泥岩	22.18	0.7	25	10.5	14.2	0.22	0.85

距离工作面不同位置巷道变形量如图 4-6 所示。通过对模型施加"二次强力锚注"支护方案，巷道变形有着很大的改善。从图 4-6 中可以看出，距离工作面 0m 和 20m 处，巷道顶底板移近量较大，分别达到 37.7cm 和 23.7cm，分别占巷道高度的 10.77% 和 6.7%；距离工作面 40m、60m、80m 和 100m 处，顶底板移进量分别为 3.1cm、1.4cm、1.0cm、1.0cm。距离工作面 0m、20m、40m、60m、80m 和 100m 处，巷道两帮变形量分别达 3.03cm、3.85cm、2.02cm、1.35cm、0.76cm 和 0.34cm，两帮变形量占巷宽 1% 以下，表明采用"二次强力锚注"支护方案能够有效控制巷道变形。

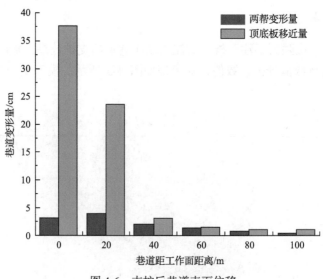

图 4-6　支护后巷道表面位移

图 4-7 为采用"二次强力锚注"支护方案后巷道垂直方向的应力云图。从图 4-7 中可以看出，巷道的顶底板均存在垂直应力卸载区，卸载区范围大致为巷道高度

的 2～3 倍。随着工作面的不断推进，垂直应力集中区发生迁移，距工作面 100m 处，巷道两侧有着对称蝶形应力集中；距工作面 80m 处，巷道两侧的应力集中逐渐减小，左侧减小比右侧较为明显；距工作面 60m 处，仅有巷道右侧有着较小的应力集中区；随着工作面不断推移，巷道两侧又出现较小的应力集中，此时顶底板的应力卸载区发生倾斜；当工作面推采至巷道正上方时，巷道顶部与底板应力卸压区将会拉伸，顶部延伸至工作面。综上所述，随着工作面的推移，"二次强力锚注"支护方案支护采用的锚索预应力和注浆能够有效控制垂直应力的卸压范围，保证巷道的稳定性。

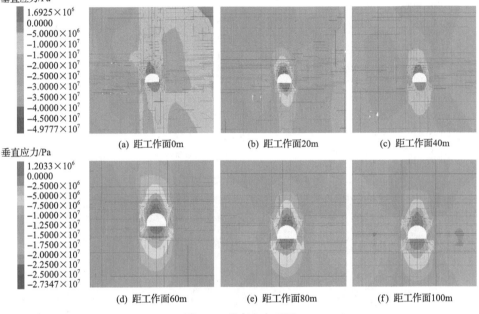

图 4-7　垂直应力云图

剪应力对巷道变形破坏有重要影响，图 4-8 为巷道围岩最大剪应力云图，随着距工作面的距离不断减小，最大剪应力范围不断扩张，主要集中在巷道的顶部、底部，距工作面 60m 时，剪应力范围主要分布在巷道的左侧，巷道的顶部 4m 处出现一个三角形态的最大剪应力区；距工作面 40m 处时，最大剪应力区域调整至巷道的左拱顶以及巷道的右底角，呈现斜 45°方向分布；当工作面距离巷道 20m、0m 处，最大剪应力区域沿斜 45°方向向外扩展分布。因此在采用"二次强力锚注"支护方案后，能够有效控制巷道围岩最大剪应力范围，但当工作面开采至巷道上方时需要及时监测巷道左拱顶及巷道的右底角部位。

巷道围岩控制就是要将围岩塑性区保持在合理范围，避免出现塑性区的恶性扩展。由图 4-9 可知，采用"二次强力锚注"支护方案对巷道围岩塑性范围有着

剪应力/Pa

2.4785×10^7
2.4000×10^7
2.2000×10^7
2.0000×10^7
1.8000×10^7
1.6000×10^7
1.4000×10^7
1.2000×10^7
1.0000×10^7
8.0000×10^6
6.0000×10^6
4.0000×10^6
2.0000×10^6
2.7664×10^5

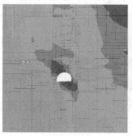

(a) 距工作面0m   (b) 距工作面20m   (c) 距工作面40m

剪应力/Pa

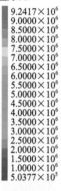

9.2417×10^6
9.0000×10^6
8.5000×10^6
8.0000×10^6
7.5000×10^6
7.0000×10^6
6.5000×10^6
6.0000×10^6
5.5000×10^6
5.0000×10^6
4.5000×10^6
4.0000×10^6
3.5000×10^6
3.0000×10^6
2.5000×10^6
2.0000×10^6
1.5000×10^6
1.0000×10^6
5.0377×10^5

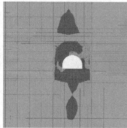

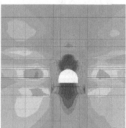

(d) 距工作面60m   (e) 距工作面80m   (f) 距工作面100m

图 4-8 巷道围岩最大剪应力云图

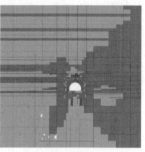

(a) 距工作面0m   (b) 距工作面20m   (c) 距工作面40m

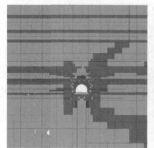

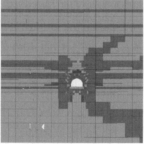

(d) 距工作面60m   (e) 距工作面80m   (f) 距工作面100m

图 4-9 巷道围岩塑性区

极大地改善。距工作面 100m 时，巷道围岩塑性区主要集中在两帮附近，塑性区范围形状为蝶形，底角处有复合剪拉应力屈服破坏；随着工作面不断推进，受到多次采动影响后，巷道右侧屈服区域不断加速扩展，左帮塑性区扩展缓慢；当工作面推采至工作面上方时，巷道周边由于注浆提高了围岩强度，虽然已经发生塑性屈服，但变形区范围依然得到有效的控制。可见，采用新的支护方案能够提高动静荷载巷道的稳定性。

4.4　注浆配比参数优化

为了优化注浆加固效果，在实验室先进行室内的浆液配比实验，研究在不同水灰比条件下浆液凝固后的单轴抗压强度及巴西劈裂，测定各浇筑试件的物理力学参数，探索加载路径条件下浇筑试件变形、破坏及强度特征，为深部巷道复合型软岩巷道注浆加固机理、支护方案提供理论支撑，对加强注浆效果具有实际意义。

4.4.1　注浆配比实验优化方案

按照水灰比 1∶0.8、1∶1.0、1∶1.2，膨润土比例为水泥重量的 0%、1%、2%、3%、4%、5%配制浆液，以及水灰比 0.40∶1、0.45∶1、0.50∶1、0.55∶1、0.60∶1，配制细度 800 型超细水泥浆液，使用 WHY-5000 型微机控制电液伺服压力试验机对试件进行单轴抗压强度实验研究，选出较合适的配比方案制作的浆液进行现场实验，分析其实用性。

实验分别选用普通硅酸盐水泥、超细水泥、膨胀剂和水玻璃为原料，进行不同的浆液配比，将浇筑试件加工成直径 Φ50mm、高 100mm 的圆柱体以及直径 Φ50×25mm 的圆柱体。为了保证浆液的均质性，需对试件进行肉眼的筛选，试件表面气泡性较大的试件弃用，尽可能精度满足岩石力学实验的要求(图 4-10、图 4-11)。

(a) 取材　　　　　　　　(b) 称重　　　　　　　　(c) 搅拌

图 4-10　注浆室内实验图

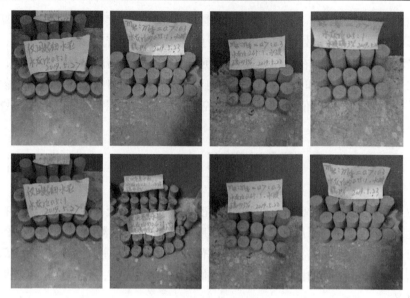

图 4-11　试件成型脱模图

4.4.2　注浆试件强度特征

本次实验采用 SCM-200 双端面磨平机，该设备加工精度能够满足实验要求。根据煤炭行业规定的《岩石物理力学性质测定方法》相关要求，加工的单轴试件选取 Φ50mm，高 100mm 规格的圆柱体，加工的巴西劈裂实验试件选取 Φ50mm，高 25mm 规格的圆柱体。采用微机控制电液伺服压力实验机 WHY-5000 进行单轴及巴西劈裂实验，实验仪器设备如图 4-12 所示。

(a) SCM-200双端面磨平机　　(b) 微机控制电液伺服压力实验机　　(c) 单轴实验

图 4-12　力学实验图

由于在实验过程存在不可控因素，部分注浆试件未能达标或运输过程导致碎裂等无法进行力学实验，以下为试件力学实验结果，每个水灰比下对应的超细水泥含量配比有 3 个试件，取 3 个试件的平均值进行统计。岩石力学实验结果如表 4-2 和图 4-13 所示。

表 4-2   岩石力学实验结果

编号	水灰比	试件中超细水泥含量/%	平均抗压强度/MPa	平均抗拉强度/MPa
1	0.40∶1	0	21.3	3.15
2		70	16.5	4.01
3	0.45∶1	0	16.7	2.25
4		30	25.7	2.91
5		70	26.3	3.84
6		100	11.8	2.11
7	0.50∶1	0	9.18	2.31
8		30	10.2	1.29
9		70	15.3	1.38
10		100	12.5	2.76
11	0.55∶1	70	15.7	1.83
12		100	10.2	2.62
13	0.60∶1	100	11.20	3.43

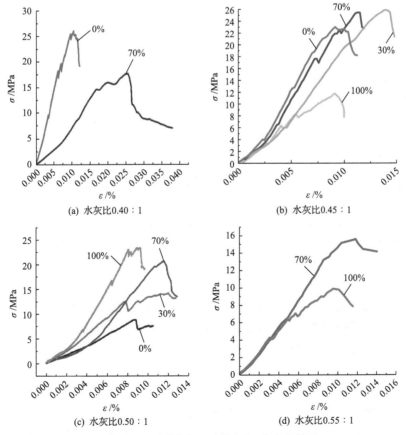

图 4-13   不同水灰比试件应力-应变曲线

①仅普通水泥(超细水泥含量 0%)材料随水灰比增大单轴抗压强度逐渐递减，即当水灰比增大时，水泥黏稠度降低，抗压强度递减。②超细水泥含量 30%时，在水灰比为 0.45∶1 下抗压强度达到最高。③超细水泥含量 70%时，随着水灰比的增加，抗压强度先增加后减少，在水灰比为 0.45∶1 时达到最高 26.3MPa。④超细水泥含量 100%时随着水灰比的改变其抗压强度并没有很大的改变，说明仅用超细水泥增加其黏稠度并不能够增加其抗压强度。⑤每种水灰比下，当超细水泥含量达到 100%时其抗压强度在所在水灰比内部比较时都处于较小的位置，并且超细水泥含量过高过度增加生产成本，不利于企业良性发展。⑥总体上随着水灰比的下降抗压强度在逐渐降低，0.45∶1 水灰比下各种水泥比例的抗压强度很均衡，变化量不大并且强度较高。

对比上述分析可以看出，超细水泥含量 30%时在水灰比为 0.45∶1 下抗压强度达到最高，超细水泥含量 70%时单轴抗压强度最高，抗拉强度均衡并且较高，由于需要在实际项目上进行操作，需要考虑实用因素、经济因素等情况，因此选 0.45∶1 水灰比下超细水泥含量 30%的科学比例为山脚树煤矿 1200 运输巷道进行注浆加固。

4.4.3　碎屑尺寸特征分析

在进行单轴实验后会产生碎屑，利用筛子及肉眼判别大小，对碎屑进行分类，统计本次实验中粒径大于 5.00mm 的水泥碎屑，部分分类图如图 4-14 所示，并采用游标卡尺测量其长度、宽度和厚度(其中由于巴西劈裂试件体积过小，碎屑数量过小，统计结果不具备科学代表性，本章不再进行统计)，每次均测量 3 次，取平均值减小误差。同时计算其长宽比、长厚比、宽厚比。以进行尺度比的研究。再根据前人研究经验，将碎屑分类见表 4-3。水泥碎屑的 3 个方向尺度(长度、宽度、厚度)比值分布对比如图 4-15～图 4-19 所示。

由不同水灰比分布图可知，不同水泥配比下的注浆试件破坏碎屑颗粒具有一定的差异性，并且水泥配比对水泥碎屑的 3 个方向尺度(长度、宽度、厚度)的影响也存在差异。由于本次实验中注浆试件的加载模式是单轴加载，故注浆试件的破坏主要表现为纵向劈裂破坏，剪切破坏较少。在水泥碎屑上表现为水泥碎屑的长厚比均较大，故下文主要针对水泥碎屑长厚比进行分析。

由表 4-3 可知，注浆试件超细水泥含量与水泥碎屑长宽比表现为非线性关系。当试件超细水泥含量从 0%增加至 70%时，水泥碎屑长宽比平均值随超细水泥含量增加而降低。这说明在一定程度上增加试件超细水泥含量能够提高岩石的强度，使试件最终破裂时，块度更加均匀，碎屑长厚比更为接近。但进一步增加超细水泥含量至 100%时，水泥碎屑长宽比出现增长的情况，但增长幅度不如试件超细水泥含量为 30%时。这说明一味增加超细水泥含量并不能使注浆水泥达到完美的状态，而是存在一个合适值。

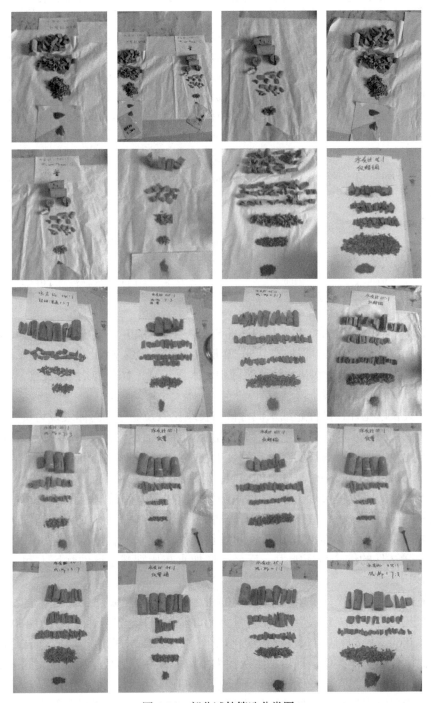

图 4-14　部分试件筛选分类图

表 4-3　试件碎屑尺度比值

试件编号	水灰比	试件超细水泥含量/%	长宽比	长厚比	宽厚比
1#	0.45∶1	0	1.01~3.80/1.57	1.38~9.86/3.99	1.00~6.49/2.75
2#	0.45∶1	30	1.02~4.68/2.22	1.94~8.17/3.83	1.00~6.79/2.00
3#	0.45∶1	70	1.01~3.72/1.64	1.00~6.68/3.03	1.02~5.11/1.93
4#	0.45∶1	100	1.00~3.57/1.92	1.78~10.42/3.90	1.01~5.04/2.07
5#	0.50∶1	0	1.15~4.21/2.10	1.55~8.07/4.31	1.01~5.82/2.18
6#	0.50∶1	30	1.07~5.15/2.38	1.55~8.60/4.28	1.02~4.00/1.91
7#	0.50∶1	70	1.10~6.45/2.16	1.84~11.08/3.98	1.07~3.83/1.94
8#	0.50∶1	100	1.02~5.63/1.97	1.65~12.16/3.35	1.01~4.00/1.71
9#	0.40∶1	0	1.01~3.80/1.37	1.18~8.76/3.69	1.01~5.49/2.45
10#	0.40∶1	30	1.02~4.68/2.22	1.94~8.34/3.53	1.00~6.79/2.10
11#	0.55∶1	70	1.02~6.42/2.14	1.88~11.10/3.96	1.09~3.85/1.97
12#	0.55∶1	100	1.01~5.83/1.87	1.78~12.18/3.47	1.03~4.02/1.82
13#	0.60∶1	100	1.02~5.63/2.38	1.15~9.26/4.65	1.01~4.00/2.21

注：1.01~3.80/1.57 为最小值~最大值/平均值。

　　而将不同水灰比为 0.45∶1 的试件与水灰比为 0.50∶1 的试件相比较可以看出，将水灰比从 0.45∶1 增加至 0.50∶1 时，水泥碎屑的平均长厚比出现了增加，这可能是由于 0.50∶1 水灰比注浆浆液中含水量较高，对应的浆液水泥含量较少，从而导致试件整体强度下降，试件破碎后块体大小不均匀。

　　除去长厚比外，试件超细水泥含量与长厚比以及宽厚比总体表现为负相关关系，当试件超细水泥含量低于 70% 时，增加试件超细水泥含量均能降低水泥碎屑的长厚比及宽厚比。这说明在一定程度上增加试件超细水泥含量能够提高岩石的强度，使试件最终破裂时块度更加均匀，碎屑长厚比更为接近。

　　当试件长厚比较大时，说明试件内部微裂纹在应力荷载作用下持续发育贯通，向四周辐射范围较小，最终导致岩石碎屑的长条状结构。而增加试件超细水泥含量能够降低水泥碎屑的长厚比，说明增加试件超细水泥含量能够提高试件黏聚力，增强试件的综合抗压能力。反之，增加水灰比则减小试件黏聚力和综合抗压能力。

　　除此之外，还统计了水灰比为 0.40∶1，超细水泥含量为 0%、30% 的试件；以及水灰比为 0.60∶1，超细水泥含量为 100% 的试件。数据对比可知 0.40∶1 水灰比及 0.60∶1 试件碎屑尺度比值变化规律与 0.45∶1 水灰比及 0.55∶1 试件碎屑尺度比值变化规律类似。即增加水灰比大小增加试件碎屑长厚比均值，同一水灰比下增加超细水泥含量降低试件碎屑长厚比均值。这说明上文分析结果较为准确，由此初步确定增加水灰比使得试件中水泥含量降低，从而降低试件综合强度；同一水灰比下增加试件中超细水泥含量，使得超细水泥和普通水泥契合更加充分从而使得水泥综合强度增加。

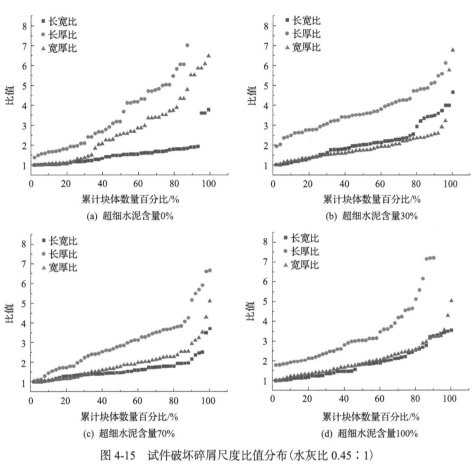

图 4-15　试件破坏碎屑尺度比值分布（水灰比 0.45∶1）

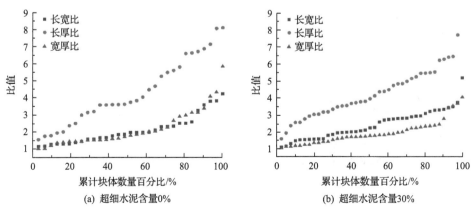

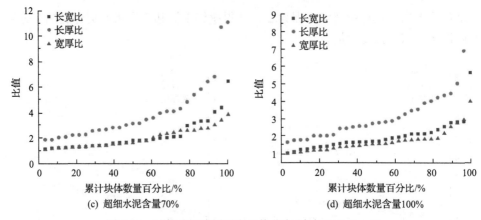

(c) 超细水泥含量70% （d) 超细水泥含量100%

图 4-16 试件破坏碎屑尺度比值分布（水灰比 0.50∶1）

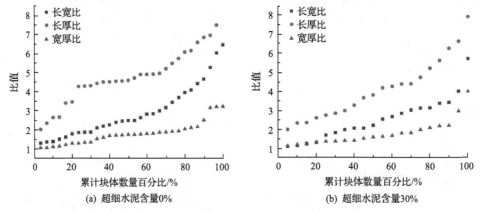

(a) 超细水泥含量0% （b) 超细水泥含量30%

图 4-17 试件破坏碎屑尺度比值分布（水灰比 0.40∶1）

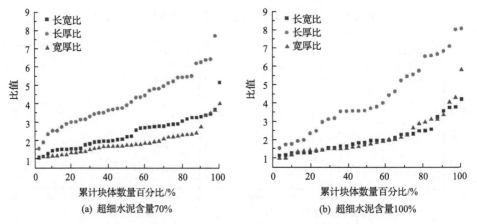

(a) 超细水泥含量70% （b) 超细水泥含量100%

图 4-18 试件破坏碎屑尺度比值分布（水灰比 0.55∶1）

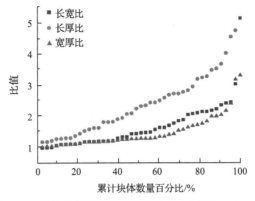

图 4-19　试件破坏碎屑尺度比值分布(水灰比 0.60∶1)

4.4.4　碎屑"粒度—数量"分形维数计算

为进一步确定上述结论的准确性,下面对水泥碎屑进行粒度—数量分形维数研究。复杂形体对空间占有的有效性情况可由分形维数表现出来,分形维数可充当复杂形体不规则性量度的一种工具,通过交叉结合的方式与动力系统的混沌理论相互作用,相互依赖,并承认在一定条件下或者在某个过程中,局部在结构、形态、功能、信息、时间等某一方面会表现出整体的相似性,它认为空间维数的变化有离散和连续两种状态,从而进一步开阔了思维并拓宽了视野。

对试件碎屑进行的分形维数计算,能够就计算所得分形维数,评价试件的整体强度。试件碎屑分形维数越大,说明注浆试件破坏碎屑离散程度越高。

当用 $\lg N$-$\lg(L_{eqmax}/L_{eq})$ 绘图时,其斜率就是分形维数,如图 4-20 和表 4-4 所示。

针对图 4-20 进行分形维数拟合,拟合曲线方程见表 4-4。

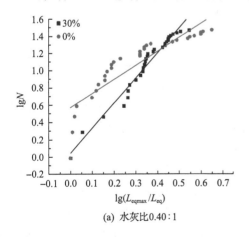

(a)　水灰比 0.40∶1

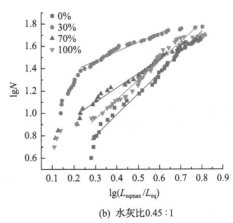

(b)　水灰比 0.45∶1

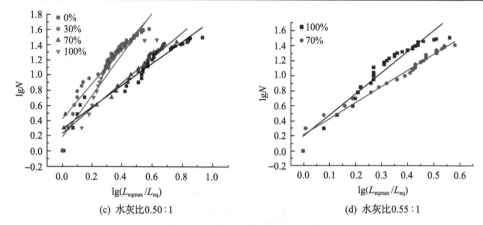

(c) 水灰比0.50:1　　　　　　　(d) 水灰比0.55:1

图 4-20　粒度–数量的分形维数

表 4-4　粒度–数量分形维数拟合曲线

试件编号	水灰比	试件超细水泥含量/%	拟合曲线	相关度 R^2	分形维数
1#	0.40:1	0	$y=1.5455x+0.3648$	0.8898	1.5455
2#	0.40:1	30	$y=2.8918x+0.5972$	0.9664	2.8918
3#	0.45:1	0	$y=1.8645x+0.2422$	0.9774	1.8645
4#	0.45:1	30	$y=1.4275x+0.5972$	0.9420	1.4275
5#	0.45:1	70	$y=1.2301x+0.2422$	0.9850	1.2301
6#	0.45:1	100	$y=1.5540x+0.2422$	0.9678	1.5540
7#	0.50:1	0	$y=1.4458x+0.2800$	0.9302	1.4458
8#	0.50:1	30	$y=2.2955x+0.4225$	0.9256	2.2955
9#	0.50:1	70	$y=1.6619x+0.1711$	0.9527	1.6619
10#	0.50:1	100	$y=2.7038x+0.1867$	0.8636	2.7038
11#	0.55:1	70	$y=2.1605x+0.2096$	0.9743	2.1605
12#	0.55:1	100	$y=2.8222x+0.5972$	0.9270	2.8222
13#	0.66:1	100	$y=2.1833x+0.4273$	0.9654	2.4724

由表 4-4 可以看出，当水灰比为 0.45:1 时，试件超细水泥含量由 0%增长至 70%时，试件碎屑分形维数是依次减小的。可以认为在一定程度上增加试件超细水泥含量能够有效减缓单轴压缩下试件的裂纹扩展速度，减缓试件的损伤，增强试件的抗压强度，同时降低试件破坏后表现出的破碎性。

而当试件水灰比为 0.5:1 时，试件碎屑分形维数随超细水泥含量增加表现出极大的差异性，当超细水泥含量为 0%时，碎屑分形维数最小；当超细水泥含量为 100%时，碎屑分形维数最大。出现这种情况，可能是由于普通水泥能够吸收更多的水，从而达到更高的强度，而仅用超细水泥时，由于超细水泥本身使用的材料强度较低，最终导致浇筑的试件整体强度较低，从而计算出的碎屑分形维数最大。

除此之外，对于水灰比为 0.40∶1，超细水泥含量为 0%、30% 的试件两个，即 1、2 号试件碎屑进行分形维数计算，拟合曲线及相关度见表 4-4 和图 4-20(a)。由于 0.60∶1 水灰比的试件只有 1 个，不具有代表性，故不对其进行分形维数计算。将表 4-4 中数据对比可知，0.40∶1 水灰比试件的碎屑分形维数变化规律与 0.45∶1、0.55∶1 试件碎屑分形维数变化规律类似。即分形维数随水灰比增大而增大，随超细水泥含量增加而减小。这说明上文分析结果较为准确。同一水灰比下增加试件中超细水泥含量，使得超细水泥和普通水泥契合更加充分，从而使得试件综合强度增加。

4.4.5　试件孔隙率

由于水灰比为 0.45∶1 及 0.50∶1 的试件综合性能较好，故对这两种水灰比的试件进行压汞实验。试件内部微观结构与宏观抗压、抗拉强度有着直接的影响，因此采用 AutoPore IV 9500 压汞仪对试件进行压汞实验。压汞实验原理是将样品在真空状态下通过增加液态汞的压力使之进入样品的裂隙中。采用压汞实验对两种水灰比的试件进行测试，测试结果如图 4-21 所示。

由图 4-21 可以看出，8 个样品在高压下的退汞曲线都较为平缓，同时存在较为明显的滞留环。这说明试件当中有大量的连通空隙。表 4-5 为压汞实验测得的试件孔隙率。

由表 4-5 可以发现，当水灰比为 0.45∶1 时，超细水泥含量由 0% 增加至 100% 时，试件的孔隙率由 28.41% 降低至 21.62%。当水灰比为 0.50∶1 时，超细水泥含量为 30% 时，试件孔隙率最大；超细水泥含量为 100% 时，试件孔隙率最小。两种水灰比下，超细水泥含量为 100% 的试件孔隙率都是最小的。

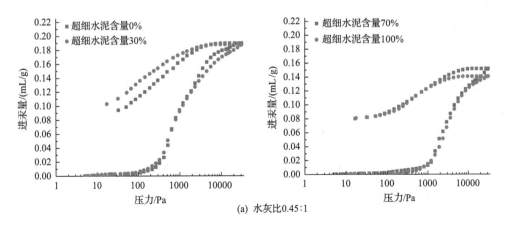

(a) 水灰比 0.45∶1

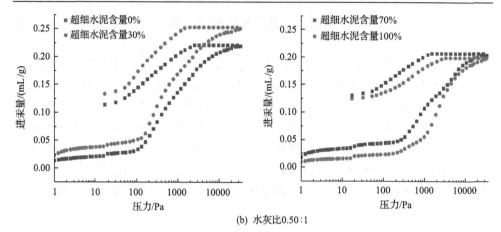

(b) 水灰比0.50∶1

图 4-21　不同水灰比的试件进退汞曲线

表 4-5　试件孔隙率

水灰比	试件超细水泥含量/%	孔隙率/%
0.45∶1	0	28.41
	30	27.58
	70	22.72
	100	21.62
0.50∶1	0	36.81
	30	33.33
	70	31.44
	100	29.46

　　由此可以判断，在浆液中加入超细水泥，能够降低浆液凝固后的孔隙率，而这种效果随超细水泥含量的增加而增强。为进一步分析这种情况的原因，下文将对试件的孔隙大小进行分析。

　　将两种水灰比的试件孔隙度对比发现，相同超细水泥含量的试件，水灰比为0.45∶1 的试件孔隙率均低于水灰比为 0.50∶1 的试件。出现这种情况的原因可能是当水灰比 0.50∶1 时，水泥颗粒并不能完全吸收这些水分，导致试件中存在一些尚未被吸收的水，这些水分蒸发后便在试件内部形成了孔隙，从而导致试件孔隙率增加。

　　由图 4-22 和表 4-6 可以看出，两种水灰比下，超细水泥含量较高的试件 1#、2#、5#、6#试件在压力初期(0~1000Pa)已有了较大的进汞量，汞侵入量峰值分别为 798.15Pa、517.61Pa、416.53Pa、216.50Pa。这说明当超细水泥含量为 0%、30%时，试件内多存在直径较大的孔隙。在增加超细水泥含量后，超细水泥含量较低的试件 3#、4#、7#、8#试件在压力初期(0~1000Pa)进汞曲线较为平缓，说明试

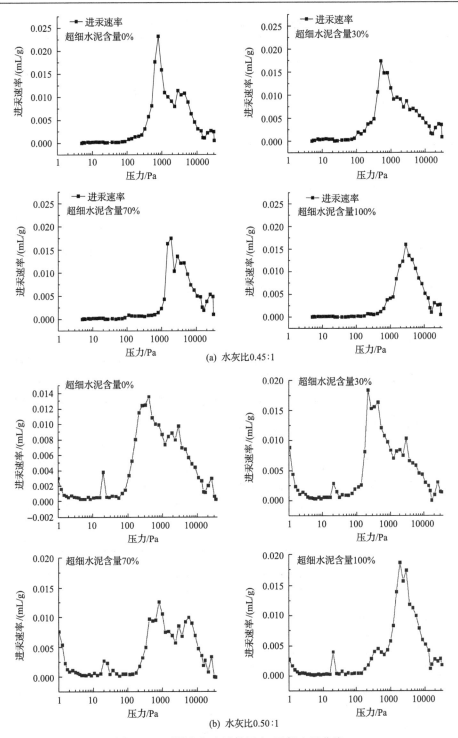

图 4-22　不同水灰比试件压力-汞侵入量曲线

表 4-6 不同水灰比试件的汞侵入量峰值与对应压力

试件编号	水灰比	试件超细水泥含量/%	汞侵入量峰值/(mL/g)	对应压力
1#		0	0.0232	798.15
2#	0.45：1	30	0.0174	517.61
3#		70	0.0175	1897.37
4#		100	0.0160	2894.88
5#		0	0.0135	416.53
6#	0.50：1	30	0.0183	216.50
7#		70	0.0126	797.01
8#		100	0.0187	1897.40

件直径较大的孔隙较少，继续加压至 1000Pa 后，试件进汞曲线速率急速增加，汞侵入量峰值分别为 1897.37Pa、2894.88Pa、797.01Pa、1897.40Pa。这说明超细水泥含量较高的试件孔隙直径较小。这可能是由于超细水泥具有比普通水泥更好的渗透性，能够渗入直径较小的孔隙中，在发生水化反应后充填孔隙，从而降低试件内孔隙直径，最终降低试件总孔隙率。

两种水灰比下，汞侵入量峰值对应压力最小的均为超细水泥含量为 30%的试件，这说明该试件中的孔隙直径最大。出现这种情况的原因可能是注浆试件中超细水泥的占比不够高，使得水泥颗粒之间无法良好地契合，从而不能降低试件中孔隙直径的大小，反而起到了相反的效果。

大量学者将孔隙直径＞1000nm、1000～100nm、100～10nm、＜10nm 的孔隙分为大孔、中孔、小孔、微孔。按照上述划分方法统计出的不同配比浆液孔容比见表 4-7。可以看出，随着超细水泥含量的增加，两种水灰比下的试件内部孔隙都由大孔、中孔向小孔、微孔转化。水灰比为 0.45：1 时，随着超细水泥含量从

表 4-7 不同配比浆液孔容比

试件编号	水灰比	试件超细水泥含量/%	大孔 (孔径＞1000nm)	中孔 (孔径 1000～100nm)	小孔 (孔径 100～10nm)	微孔 (孔径＜10nm)
1#		0	3.2	53.4	35.2	5.8
2#	0.45：1	30	5.5	51.7	40.9	4.1
3#		70	3.0	19.1	68.0	9.9
4#		100	1.2	18.6	74.1	6.1
5#		0	21.4	47.3	28.2	3.1
6#	0.50：1	30	24.8	48.4	24.1	2.7
7#		70	22.7	37.7	37.4	2.2
8#		100	13.1	26.4	55.6	4.9

0%增加至 100%，中孔孔容比由 53.4%降低至 18.6%，小孔孔容比由 35.2%增加至 74.1%。水灰比为 0.50∶1 时，随着超细水泥含量从 0%增加至 100%，中孔孔容比由 47.3%降低至 26.4%，小孔孔容比由 28.2%增加至 55.6%。由以上数据可以发现采用超细水泥能够降低试件的孔隙率，以及提高中孔、微孔的孔容比，同时使得试件内部较大孔隙减少。

由以上分析结果可以得出，增加注浆浆液中超细水泥含量，能够降低试件的总孔隙率。同时提高中孔、微孔的占比，使得试件内部较大孔隙减少。这是因为超细水泥颗粒要比普通水泥颗粒小。将颗粒较小的超细水泥与颗粒较大的普通水泥混合，颗粒与颗粒相互契合后，颗粒之间的缝隙较小，从而导致试件孔隙较低。这种效果将随超细水泥含量的增加而增强。两种水灰比的试件孔隙大小变化主要是由中孔变为小孔，这就说明超细水泥的渗入性能在孔隙为 100～1000nm 效果最好，可见采用超细水泥能够降低注浆试件的孔隙率，以及提高中孔、微孔的孔容比，同时使试件内部的较大孔隙减少。

4.4.6　SEM 电镜扫描

下面对综合性能表现较好的水灰比 0.45∶1 的试件微观结构进行研究，图 4-23 为超细水泥含量为 0%、30%、70%、100%的 500 倍、1000 倍和 2000 倍放大的不同试件的 SEM 电镜扫描显微结构图。

由图 4-23 可以看出，仅用普通水泥的试件，表面存在大量的颗粒状结构，这是因为普通水泥颗粒体积较大。在增加超细水泥含量至 30%后，试件表面的颗粒

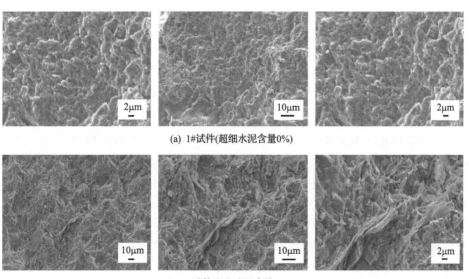

(a) 1#试件(超细水泥含量0%)

(b) 2#试件(超细水泥含量30%)

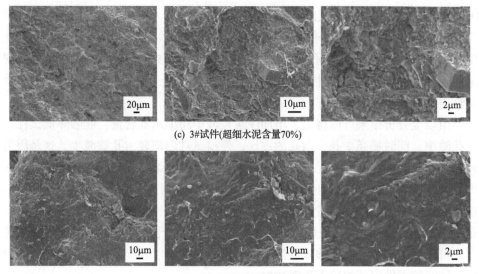

(c) 3#试件(超细水泥含量70%)

(d) 4#试件(超细水泥含量100%)

图 4-23　水灰比 0.45：1 试件的 SEM 电镜扫描显微结构图

状结构明显减小，在普通水泥颗粒与超细水泥颗粒相互契合后出现大量棱角分明的屑状结构。而进一步增加超细水泥含量至 70%后，当放大倍数为 500 倍时，试件表面较 1 号试件、2 号试件变得更为平整，进一步增加放大倍数后发现，存在大量颗粒结构和屑状结构。但 3 号试件表面的颗粒结构和屑状结构大小、长度远不如 1 号试件、2 号试件表面的颗粒结构和屑状结构。而仅使用超细水泥的试件表面非常光滑平整，这是由于超细水泥的粒度较小。结合力学实验，超细水泥含量 70%时单轴抗压强度最高，抗拉强度均衡并且较高，这与该颗粒表面大小、长度均衡是相关的，但是当超细水泥含量为 100%时由于超细水泥含量过高其力学实验效果反而不够理想。

4.5　沿空巷道切顶卸压技术

在沿空留巷技术的基础上，何满潮院士团队提出了预裂爆破切顶留巷无煤柱开采技术。该技术通过在留巷内超前工作面使用聚能爆破技术沿工作面走向定向切顶，切断采空区顶板与巷道顶板的连接状态。并利用垮落矸石的碎胀特性，促使矸石填充采空区并形成巷帮，进一步取消了沿空留巷中的填充体[102-104]。该技术因其低成本、易操作、快速留巷等优点，已于不同煤厚[104-106]、不同埋深[106-108]、不同顶板条件[109,110]等不同地质和采矿条件下进行了试验和推广[111-117]，取得了良好的经济和社会效益。

预裂爆破切顶卸压技术原理是在顶板进行预裂爆破切缝，顶板岩体在周期来压作用下沿切缝线整体切断，将长臂悬梁转化为短臂悬梁，碎胀的顶板矸石形成对上覆基本顶岩梁支撑结构，控制基本顶的回转和下沉变形，减少上部岩体对巷道的影响。预裂爆破切顶卸压技术首先需要施工炮孔，安装聚能管及炸药以形成切缝线，为达到良好的切顶效果，切顶角度和切顶高度至关重要。

如图 4-24 所示，切顶角度 α 指的是预裂爆破切缝线与铅垂线之间的夹角。在切顶过程施加一定的角度能够有效减小在矸石垮落过程中采空区顶板与留巷顶板之间的摩擦作用，增强切顶效果，同时起到控制巷道顶板下沉量的作用。

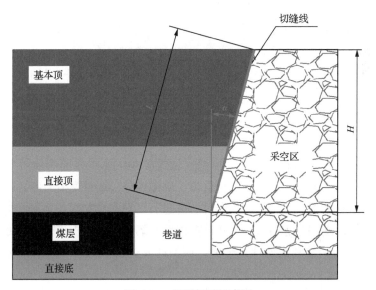

图 4-24　切顶卸压示意图

切顶高度 H 是指切缝钻孔的最大垂直高度。在使用聚能预裂爆破技术将顶板切落后，切落的顶板形成巷帮，并在垮落过程中在岩石的碎裂膨胀作用下体积增大，起到压实并隔断采空区的效果。因此，在进行预裂爆破之前，对切顶高度和切顶角度进行合理的设计，能够增强切顶作用力，控制顶板变形，直接影响最终的成巷效果。

4.5.1　切顶高度数值模拟

以红林煤矿 39114 工作面为工程背景，建立 UDEC 数值模拟模型，如图 4-25 所示，模型长 100m，高 70m，模型左右两端及底部边界施加固定约束。在模型顶部施加 4.5MPa 的竖向载荷，用以模拟模型上方约 200m 厚的上覆岩层。本次试验工作面为 39114 工作面，切顶所留巷道为 39114 运输平巷，此巷道断面为矩形，高为 2.8m，宽为 4.5m。为模拟不同切顶高度及切顶角度下巷道及采空区围岩变形情况，模拟过程中改变切缝线的位置、深度、倾角等参数。

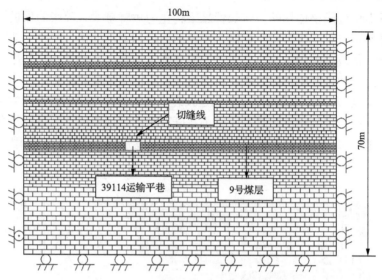

图 4-25　39114 工作面 UDEC 数值模拟模型

本次模拟的主要过程如下：①根据红林煤矿 39114 工作面的地质条件，建立 UDEC 数值模拟模型，并对模型进行层位、块体划分；②对模拟的各岩层、节理进行赋值，所赋参数值基于现场地质条件，并进行计算得到初试应力场；③对 39114 运输平巷进行开挖同时进行支护，并根据预设方案对巷道顶板进行切缝处理；④分步距开挖工作面，直到模型计算平衡，模型计算过程布置测点、测线对相关参量进行监测。

相比于抗拉强度，岩石类材料的抗压强度要大得多，故本次模拟中，块体间的"应力-应变"准则采用莫尔-库仑弹塑性本构模型；节理间的"应力-应变"准则选用面接触-库仑滑移模型。

根据 39114 工作面顶底板钻孔柱状图，39114 工作面顶板以粉砂岩为主，为简化模型，减少计算量，本模型只划分 8 个层位，未在模型中表现出的上覆岩层用竖向载荷代替。各岩层力学参数见表 4-8。

表 4-8　39114 工作面顶底板岩层力学参数

岩层名称	密度 /(kg/m³)	弹性模量/GPa	内摩擦角 /(°)	黏聚力 /MPa	抗拉强度/MPa
细粉砂岩	2600	19.3	32	2.5	1.10
泥质粉砂岩	2400	20.3	30	3.2	1.35
9#煤层	1400	4.0	21	0.9	0.35
泥质粉砂岩	2200	20.3	30	3.2	1.35
细粒砂岩	2600	18.6	32	2.7	1.10

岩层名称	密度/(kg/m³)	弹性模量/GPa	内摩擦角/(°)	黏聚力/MPa	抗拉强度/MPa
7#煤层	1400	4.0	21	0.9	0.35
泥质粉砂岩	2450	20.3	30	3.2	1.35
5#煤层	1400	4.0	21	0.9	0.35
泥质粉砂岩	2400	20.3	30	3.2	1.35

切顶高度模拟过程中保持其他参数不变，切顶角度均为 15°，偏向采空区。模拟过程中，切顶高度分别取 5.5m、7m、8.5m。工作面开挖方式选择逐步开挖，在计算平衡后截取一半模型进行分析，不同切顶高度下巷道围岩垮落形态及竖直位移变化特征如图 4-26 所示。同时在巷道顶板布置测点监测巷道顶板最大变形量，结果如图 4-27 所示。

对不同切顶高度下巷道围岩垮落形态进行分析，预裂切缝能够有效切断采空区顶板与巷道顶板之间的结构联系。采空区顶板均沿切缝线破断垮落，巷道顶板形成切顶短臂梁结构，基本顶下沉后则作为一个整体，在与采空区垮落矸石接触后稳定，为巷道顶板提供承载支撑作用。

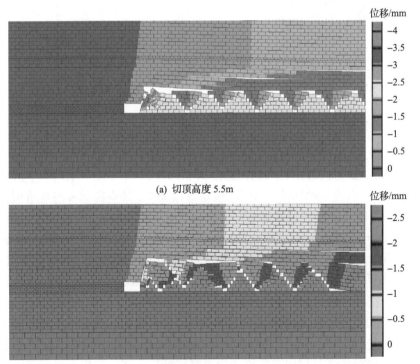

(a) 切顶高度 5.5m

(b) 切顶高度 7m

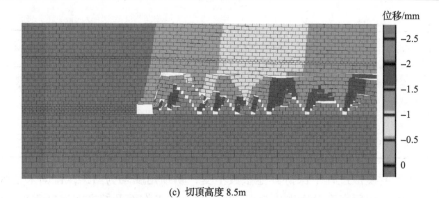

(c) 切顶高度 8.5m

图 4-26　不同切顶高度下巷道围岩垮落形态及竖直位移变形特征(m)

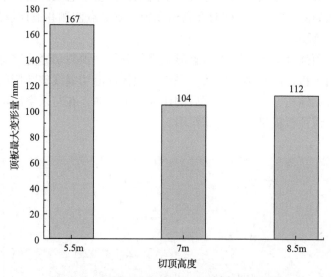

图 4-27　不同切顶高度下巷道顶板最大变形量

由图 4-26(a)可以看出，当切顶高度为 5.5m 时，工作面回采后采空区顶板沿切缝线在 5.5m 高度处被切落。由于顶板切落过程中，采空区顶板与巷道顶板间存在摩擦力，将对巷道顶板短臂梁结构施加一个向下的作用力，导致巷道顶板下沉，最大变形量为 167mm。采空区顶板垮落后，碎胀矸石与基本顶岩层间存在较大的未充填空间。增加切顶高度至 7m 时，采空区顶板沿切缝线在 7m 高度处被切落。由图 4-26(b)可以看出，切顶高度增加后，采空区顶板切落范围增大，垮落岩石碎胀后填充采空区程度增加，巷道顶板变形得到有效控制，较切顶高度为 5.5m 时有所减小，最大变形量为 104mm。由图 4-26(c)可以看出，当进一步增加切顶高度为 8.5m 时，采空区与基本顶之间未填充空间进一步减小，但由于切顶高度的增加，采空区顶板切落过程中对巷道顶板短臂梁结构施加的作用力也将增大，导致巷道顶板变形量也有所增大，最大变形量为 112mm。

　　综上所述，切顶高度影响矸石膨胀后填充采空区程度，以及切顶对巷道短臂梁结构的作用力。合理的切顶高度需要保证碎胀矸石尽可能填充采空区的同时，保证切顶作用力尽可能较小。由数值模拟结果可以看出，一定范围内增加切顶高度能够提高矸石碎胀体积，减少采空区未填充空间。但切顶高度进一步增加后可能不利于巷道顶板稳定性，同时也增加了施工费用及难度。

4.5.2　切顶角度模拟

　　合理的切缝角度能够减小采空区顶板垮落过程中与留巷顶板之间的摩擦作用，增强切顶效果，控制巷道顶板变形。本次数值模拟过程中，除切顶高度模拟中切顶角度为 15°外，还分别对切顶角度为 0°、10°、20°时进行模拟，观察巷道围岩结构及位移场分布特征。模拟过程中保持其他参数不变，切顶高度均为 7m。模拟结果如图 4-28 所示。

　　如图 4-28(a)所示，当切缝垂直于顶板，即切顶角度为 0°时，采空区顶板垮落对巷道顶板短臂梁结构的作用力明显加大，导致巷道顶板变形量加大。由于切缝线垂直于顶板，在采空区矸石垮落后，碎胀矸石只是对直接顶起到竖直支撑作用，并未对巷道顶板短臂梁结构起到支撑作用，这也是导致巷道变形量大的直接原因之一。切顶角度为 0°时，顶板最大变形量为 164mm。

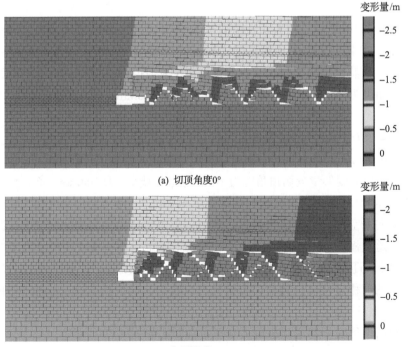

(a) 切顶角度 0°

(b) 切顶角度 10°

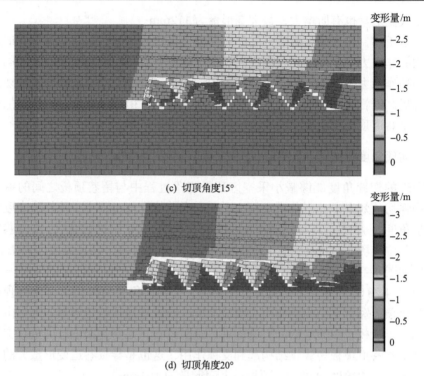

(c) 切顶角度15°

(d) 切顶角度20°

图 4-28　不同切顶角度下巷道围岩垮落形态及变形特征(m)

如图 4-28(b)所示,增大切顶角度至 10°后,垮落矸石与巷道顶板之间的应力传递减小,减弱了采空区顶板与巷道顶板间的摩擦力。矸石垮落后紧贴巷道短臂梁结构,为巷道顶板提供了支撑作用。说明增加切顶角度能够有效控制顶板变形,切顶角度为 10°时,巷道顶板最大变形量为 116mm,较切顶角度为 0°时降低了 29.3%。

如图 4-28(c)所示,当切顶角度为 15°时,垮落矸石与巷道顶板之间的应力传递进一步减小,矸石垮落后同样紧贴巷道短臂梁结构,为巷道顶板提供了支撑作用,而巷道顶板最大变形量较切顶角度为 10°时也略有减小,为 104mm,降低了 10.3%。

如图 4-28(d)所示,继续增加切顶角度至 20°时,由于切顶角度较大,矸石垮落更加偏向采空区,导致碎胀矸石与巷道顶板短臂梁结构间的间距增大,减小了矸石对巷道顶板的支撑作用,反而不利于巷道稳定,顶板最大变形量为 137mm。综上所述,切顶角度存在合适值,当切顶角度超过该值后,继续增加切顶角度将不利于巷道稳定性。从数值模拟结果可以看出,切顶角度为 15°时,切顶效果较好。

不同切顶角度下巷道顶板最大变形量柱状图如图 4-29 所示。

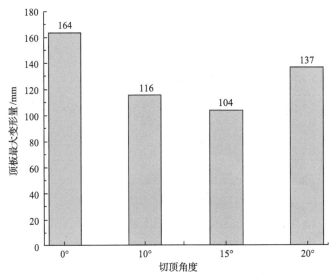

图 4-29　不同切顶角度下巷道顶板最大变形量

4.5.3　切顶卸压巷道应力分布

不同于传统沿空留巷，切顶留巷首先采用预裂爆破技术对巷道顶板进行切落，这使得巷道围岩原始应力场得到改变。同时，随着切落顶板的垮落，矿山压力也会得到一定程度的释放。

为研究切顶卸压过程中巷道应力的分布情况，分析不同切顶条件下巷道应力场的变化规律，在数值模拟计算过程中，在巷道实体煤侧每隔 0.2m 布置一个测点，对不同切顶高度、不同切顶角度下的巷道实体煤侧的竖直应力进行监测。监测结果采用 Origin 2021 软件中的 3D Smoother App 进行拟合，并绘制三维曲面图，如图 4-30 和图 4-31 所示。

如图 4-30 所示，球体数据点为切顶高度分别为 5.5m、7m、8.5m 时巷道实体煤帮上竖直应力的原始数据。从图 4-30 中可以看出，不同切顶高度下实体煤侧竖直应力均呈现出随着测点离巷道实体煤侧距离的增大而先增大后减小；不同切顶高度下竖直应力峰值均分布在离巷道实体煤侧 4m 左右，竖直应力峰值呈现出随切顶高度的增加而减小。

当切顶高度为 5.5m 时，实体煤上的最大竖直应力为 6.8MPa，竖直应力峰值集中区在距离巷道实体煤帮侧 3.4~3.8m 处。当切顶高度为 7m 时，实体煤上的最大竖直应力为 6.3MPa，较切顶高度为 5.5m 时下降了 7.4%，竖直应力峰值集中区距离巷道实体煤侧 3.8~4.2m。这说明切顶高度对实体煤侧竖直应力集中区范围具有一定的影响。当继续增加切顶高度至 8.5m 时，实体煤上的竖直应力最大值为

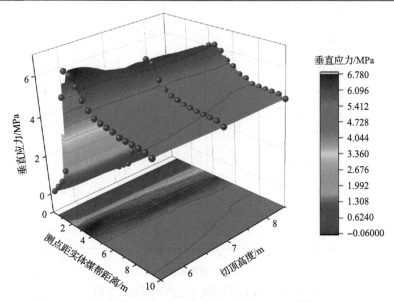

图 4-30　巷道实体煤侧竖直应力分布三维曲面图(不同切顶高度)

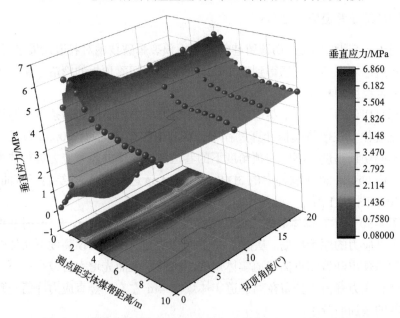

图 4-31　巷道实体煤侧竖直应力分布三维曲面图(不同切顶角度)

6.1MPa, 竖直应力峰值集中区距离巷道实体煤侧 4.0~4.2m, 较切顶高度为 7m 时变化较小。

　　综上所述, 切顶高度影响实体煤上竖直应力的峰值大小, 以及竖直应力峰值集中区距巷道实体煤侧的距离, 能够从侧面说明切顶的卸压作用。

如图 4-31 所示，球体数据点为数值模拟过程中，切顶角度分别为 0°、10°、15°、20°时巷道实体煤侧竖直应力的原始数据。从图 4-31 中可以看出，不同切顶角度下实体煤帮竖直应力峰值呈现出随着测点离巷道实体煤侧距离的增大而先快速增大后缓慢减小；切顶角度对实体煤侧竖直应力峰值的影响较小，竖直应力峰值均分布在距巷道实体煤侧 4m 附近，竖直应力峰值随切顶角度的增加略微减小。切顶角度分别为 0°、10°、15°、20°时，实体煤侧竖直应力峰值分别为 5.9MPa、6.2MPa、6.3MPa、6.4MPa。切顶过程中，切顶角度的增加同时增大了切缝的长度，使得巷道顶板切顶短臂梁结构的长度和重量均出现了一定程度的增加，从而增强了巷道顶板与实体煤侧的应力传递，使得实体煤侧的竖直应力增大。

综上所述，切顶角度虽能够增强切顶效应，但也会加大巷道顶板与实体煤侧的应力传递，不利于巷道稳定性。因此，在对巷道切顶参数进行设计时，需综合考虑现场情况和巷道顶底板条件，从而选择最优参数。

4.5.4　切顶参数的理论计算

为进一步确定切顶参数，借用前人公式计算切顶参数，结合数值模拟结果，有利于设计最优切顶参数。下面以红林煤矿的工程地质条件为例进行说明。

1. 切顶高度

为使切顶范围内采空区顶板能够全部垮落，并对覆岩提供有效支撑作用，切缝高度 H 可根据顶板碎胀系数按式(4-1)[118]进行计算：

$$H = \frac{m - \Delta H_1 - \Delta H_2}{K - 1} \tag{4-1}$$

式中：m 表示煤层采高(m)；ΔH_1 表示顶板下沉量(m)；ΔH_2 表示底鼓量(m)；K 表示顶板碎胀系数。根据顶板各层岩性厚度进行加权计算，碎胀系数 K 取 1.35，不考虑顶板下沉量和底鼓量，将最大采高取 2.2m，计算得出切顶高度 H=6.3m；综合对比 39114 运输巷顶板岩性柱状图，巷道直接顶为泥质粉砂岩，平均厚度为 3.38m；基本顶为细粒砂岩，平均厚度为 6.97m。为了便于现场施工，同时使得切顶范围内采空区顶板更易沿预裂切缝端部产生垮落，结合数值模拟结果，切顶确定高度为 7m，在取得钻孔窥视结果之后再对其进行调整。

2. 切顶角度

中国科学院院士何满潮[119]在砌体梁理论和围岩结构 S-R 稳定原理基础上得出切缝角度 α 的计算公式：

$$\alpha \geqslant \varphi - \arctan \frac{2(h - \Delta S)}{L} \tag{4-2}$$

式中：α 表示切缝角度(°)；φ 表示岩块间的内摩擦角(°)；h 表示基本顶的厚度(m)；L 表示基本顶岩块的侧向跨度(m)；ΔS 表示岩块 B 的下沉量(m)。

代入 39114 工作面围岩相关参数，$h=6.3\text{m}$，$\Delta S=4\text{m}$，$\varphi=21°$，得出 $\alpha \geqslant 14.4°$。考虑切顶角度越大，切缝深度越深，为减小切顶施工作业量，降低切缝施工难度，并结合数值模拟结果，切缝角度确定为 $\alpha =15°$。综上所述，红林煤矿 39114 运输平巷切顶高度确定为 7m，切顶角度确定为 15°。

4.5.5　炮孔间距现场调整

确定顶板切缝参数后，采用双向聚能爆破技术来实现顶板切缝。双向聚能爆破属于预裂爆破技术，其原理是通过将聚能管与炸药相结合，通过聚能管对能量的限制作用，实现炸药爆炸能量的定向传递，从而实现顶板岩体沿切缝方向定向破裂。合理的炮孔间距有利于预裂爆破的最终效果。目前国内主要依据顶板岩性来设计炮孔间距，并结合已有经验在现场进行爆破实验后才能最终确定炮孔间距。炮孔间距的大小确定了预裂爆破的影响范围。若孔距过大，则预裂裂隙无法贯通；若孔距过小，则会造成爆炸能量的浪费。

本次参照《无煤柱自成巷 110 工法规范》(T/CCCA 002—2018)对炮孔间距进行预先设计。第 5.4.6 条提到，硬岩顶板炮孔间距为 450～550mm，在此取值范围进行选取炮孔间距，炮孔间距初步设计为 500mm，根据现场切缝效果对炮孔间距进行调整。为进一步确定炮孔间距，在现场施工不同间距的炮孔，分别为 500mm、600mm、700mm。在完成预裂爆破后使用钻孔窥视仪对这三个炮孔进行窥视，窥视图像如图 4-32 所示。

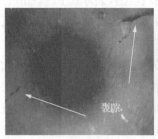 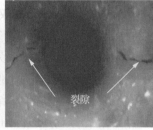 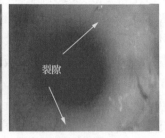

(a) 炮孔间距500mm　　　　　(b) 炮孔间距600mm　　　　　(c) 炮孔间距700mm

图 4-32　不同炮孔间距的钻孔窥视图

由钻孔窥视结果可以看出，当炮孔间距为 500mm 时，如图 4-32(a)所示，钻孔中出现了 3 条清晰裂缝，这说明炮孔间距较小，导致炸药能量出现浪费，使得炮孔裂隙不完全沿着聚能管预裂的裂缝方向发育。如图 4-32(b)所示，当炮孔间距为 600mm 时，在钻孔两周出现两条明显裂缝，说明 600mm 的炮孔间距较为合适，炸药能量在聚能管作用下较好地分布在钻孔两周，达到了预裂切缝的效果。如图 4-32(c)所示，钻孔中出现了两处裂缝，但裂缝宽度较小，说明 700mm 的炮孔间距较大，导致炸药能量不能够完全贯通预裂裂缝，切缝效果较差。综上所述，炮孔间距为 600mm 的切缝效果较好，故红林煤矿 39114 工作面的预裂切缝施工时炮孔间距选择为 600mm。

4.6 "格栅拱架+悬臂桩" 控制技术

格栅拱架+悬臂桩形成的支护结构对巷道提供的是连续不断的整体性支撑，与巷道围岩完全贴合，可以充分调动巷道围岩的自身承载能力并提供强大的支撑力，能够将传递来的围岩应力均匀地分布在整个支撑结构，防止因局部破坏而导致支护体承载能力急剧下降，而且格栅拱架支护体的薄壁柔性结构克服了钢拱架刚性过大的问题，具有较大的柔性，能够适当变形让压，有效适应动压巷道的大变形特征。此外，利用锚杆+小孔径锚索+注浆支护工艺加固破碎围岩，提高其黏结力和内摩擦角，小孔径锚索可以调动深部围岩的承载能力，进一步扩大巷道的有效支护范围。在帮部施工悬臂桩可以强化帮部抗变形能力，悬臂桩下部深入底板，当巷道两侧应力传递到帮部时，悬臂桩受力情况与悬臂梁类似，能够分担更大的压力，阻断帮部应力传递，降低悬臂桩两侧的围岩应力，从而有效降低巷道帮部位移。

4.6.1　FLAC3D 数值计算模型

以平安磷矿二矿 844 中段运输巷道工程为背景，建立 FLAC3D 数值计算模型，模拟中锚杆和锚索采用 Cable 结构单元，支架采用 Beam 结构单元，喷浆采用 Liner 结构单元，尺寸 20m×20m，巷道布置在红页岩中，呈半圆拱形，断面尺寸为 4200mm×3500mm，共有 21658 个单元和 29674 个节点。模型边界条件为：模型前后左右限制水平方向移动，底部限制各个方向移动，考虑巷道开挖后引起的边界效应，外部边界取巷道半径的 8 倍以上，并在巷道两帮设置悬臂桩结构，如图 4-33 所示。

施加在模型上部的载荷取上覆岩层自重 12.8MPa，侧压系数取 1.2，岩层黏聚力和内摩擦角取 1.4MPa 和 30°。FLAC3D 数值模型采用莫尔-库仑模型，岩层物理力学参数见表 4-9。模型中锚杆索支护参数见表 4-10。

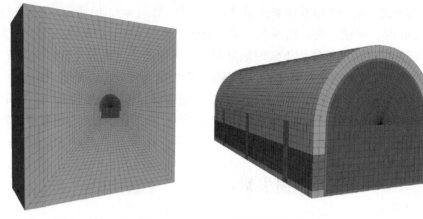

图 4-33　FLAC3D 数值计算模型

表 4-9　FLAC3D 数值模型岩层物理力学参数

岩性	密度/(kg/m³)	体积模量/GPa	剪切模量/GPa	黏聚力/MPa	内摩擦角/(°)	抗拉强度/MPa	剪胀角/(°)
红页岩	2750	9.8	3.7	0.5	30	1.8	3
砂岩	2980	10.3	4.6	3	30	2.9	5
磷矿石	2300	4.3	2.3	1.6	30	1.9	3
混凝土	2500	11.2	5.8	3.1	24	1.6	4

表 4-10　锚杆索支护参数

类型	弹性模量/GPa	直径/mm	抗拉强度/kN	预紧力/kN	剪切刚度/MPa	黏聚力/MPa
锚杆	220	45	110	25	22	2.0
锚索	220	19.8	260	120	25	1.2

4.6.2　悬臂桩埋深与间距对巷道塑性区的影响

根据不同方案将悬臂桩的厚度设置为 300mm、500mm、700mm，桩的间距设置为 3m、5m、7m，进行模拟，通过对不同间距和不同厚度的模拟对比分析，更好地分析围岩变形破坏特征。

图 4-34 为悬臂桩间距 3m 时巷道塑性区变化云图，当悬臂桩埋深为 300mm 时塑性区主要向巷道顶底及底角方向扩展，最大深度分别为顶部 5.53m、帮部 4.97m 和底部 7.69m，塑性区以剪切破坏为主，两帮在桩顶部存在少量拉伸破坏区域。当悬臂桩埋深增大至 700mm 时，巷道顶板及两帮塑性区范围明显缩小。图 4-35 为悬臂桩间距 5m 时巷道塑性区变化云图，当悬臂桩埋深为 300mm 时巷道顶板塑性区最大深度为 5.61m，帮部为 5.28m 和底板为 8.74m，与悬臂桩间距 3m 相比增幅均在 15%以内。当悬臂桩埋深为 700mm 时，塑性区主要向巷道两帮

及底角方向拓展，最大深度分别为顶部 5.56m、帮部 5.40m、底部 8.64m。

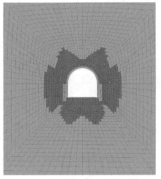
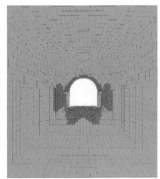

(a) 埋深300mm　　　　　(b) 埋深500mm　　　　　(c) 埋深700mm

图 4-34　悬臂桩间距 3m 时巷道塑性区变化云图

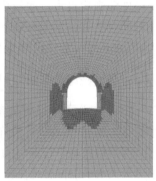

(a) 埋深300mm　　　　　(b) 埋深500mm　　　　　(c) 埋深700mm

图 4-35　悬臂桩间距 5m 时巷道塑性区变化云图

　　图 4-36 为悬臂桩间距 7m 时巷道塑性区变化云图。当悬臂桩埋深为 300mm 时，塑性区主要向巷道顶底及帮角方向扩展，最大深度分别为顶部 6.01m、帮部 6.37m、底部 8.68m，塑性区以剪切破坏为主，两帮在桩中部及底部存在少量拉伸破坏区域。当悬臂桩埋深为 500mm 时，塑性区主要向巷道顶部、两帮及底角方向进行拓展，最大深度分别为顶部 5.42m、帮部 5.43m、底部 8.24m，顶部主要为拉伸破坏，3.74m 以外以剪切破坏为主，两帮在桩中部及底部存在少量拉伸破坏区域。当悬臂桩埋深为 700mm 时，塑性区主要向巷道顶部、两帮及底角方向进行拓展，最大深度分别为顶部 5.26m、帮部 5.34m、底部 8.65m，顶部主要为拉伸破坏，3.72m 以外以剪切破坏为主，两帮在桩的顶部、中部及底部为拉伸破坏。

　　综上所述，巷道围岩塑性区大体呈现"蝶形"分布特征，由于考虑了层理结构面的力学性质，与层理结构面及岩石介质强度参数软化效应，塑性区域扩延程度再次提高，底角方向扩延程度提高最为显著，其次为顶板方向。当桩间距相同

  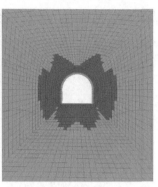

(a) 埋深300mm   (b) 埋深500mm   (c) 埋深700mm

图 4-36　悬臂桩间距 7m 时巷道塑性区变化云图

时随着桩的埋深增加巷道围岩塑性区的"蝶形"分布会逐渐缩小，其中两翼部分受桩埋深影响最大，底板中部次之，对顶部与底部帮角方向影响最小。当桩的埋深相同时随着桩的间距增加巷道围岩塑性区的"蝶形"区域会逐渐增大，当埋深达到 700mm 时塑性区增量显著增加。

4.6.3　悬臂桩埋深与间距对巷道水平位移的影响

图 4-37 为不同悬臂桩参数下巷道水平位移柱状图。悬臂桩间距 3m 时巷道水平位移大致呈现"蝶形"分布且主要集中在巷道两帮顶角。当悬臂桩埋深为 300mm 时，两帮最大水平位移量为 62.3mm，顶板下沉量为 58.3mm，底鼓量为 102.3mm。巷道最大水平位移出现在悬臂桩顶部交界处和两底角下方。当悬臂桩埋深为 500mm 时，两帮最大水平位移量为 56.9mm，顶板下沉量为 32.5mm，底鼓量为 83.4mm。

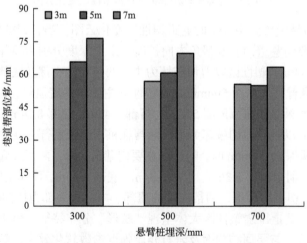

图 4-37　不同悬臂桩参数下巷道水平位移柱状图

巷道最大水平位移同样位于悬臂桩顶部交界处和两底角下方，但范围明显小于埋深 300mm 时。当悬臂桩埋深增大至 700mm 时，两帮最大水平位移量为 55.0mm，顶板下沉量为 34.0mm，底鼓量为 86.2mm。

悬臂桩间距增大至 5m 后，当悬臂桩埋深为 300mm 时，两帮最大水平位移量为 65.8mm，顶板下沉量为 70.6mm。巷道最大水平变形位于悬臂桩顶部交界处和两底角下方。当悬臂桩埋深增大到 500mm 时，两帮最大水平位移量为 60.7mm，顶板下沉量为 76.5mm。当悬臂桩埋深为 700mm 时，两帮最大水平位移量为 55.6mm，顶板下沉量为 86.4mm。

悬臂桩间距增大至 7m 后，当悬臂桩埋深为 300mm 时，两帮最大水平位移量为 76.5mm，与间距 5m 时相比增大了 16.2%。当悬臂桩埋深为 500mm 时，两帮最大水平位移量为 69.8mm，与间距 5m 时相比增大了 15.0%。当悬臂桩埋深为 700mm 时，两帮最大水平位移量为 63.4mm，与间距 5m 时相比增大了 15.3%。可见，悬臂桩间距增大至 7m 后巷道最大水平变形相较之前有较大幅度的增加。

综上所述，巷道围岩水平变形范围主要集中在两帮靠上部分，巷道开挖后围岩出现应力重新分布，垂直应力向两帮转移，同时水平应力降低，巨大的应力差导致帮部易出现变形破坏。悬臂桩能够对帮部变形起到强化支撑作用，改善围岩的受力状态，从而提高帮部的自稳能力，减少巷道两帮变形量。

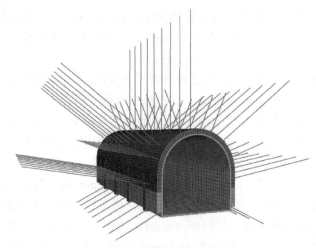

图 5-22　现支护方案巷道模型

1. 巷道围岩塑性区分布特征

由图 5-23(a)可知，巷道开挖后采用管缝式锚杆+锚网支护方式的塑性区较大，其最大深度分别顶部 5.57m，帮部 6.51m，底部 7.60m，原支护方案巷道围岩发生显著的塑性破坏，顶板、两帮以剪切破坏为主，底板及底角部分存在部分拉伸破坏区域；由图 5-23(b)可知，采用悬臂桩+格栅拱架+小孔径锚索+锚网喷支护方案后，巷道围岩的塑性区范围得到了明显的改善，其最大深度分别为顶部 3.63m，帮部 2.57m，底部 5.11m。相比原支护方案顶板的塑性区范围明显减小，

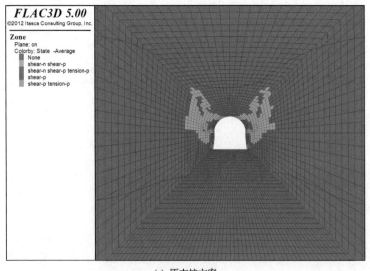

(a) 原支护方案

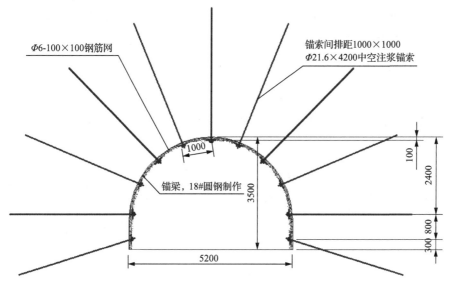

图 5-1　1200 运输平巷初次支护参数(mm)

8300mm 中空注浆锚索,间排距 2000mm×1500mm,配用 300mm×300mm×10mm 方形托盘,每孔采用 2 支 MSK2360 中速树脂药卷加长锚固。中空注浆锚索注浆时机根据矿压观测确定,开始阶段按滞后修复工作面 20m 实施,水灰比为 1∶1,注浆压力为 6~8MPa。中空注浆锚索预紧力不低于 160kN。

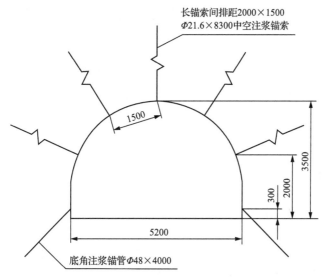

图 5-2　1200 运输平巷补强支护参数(mm)

在巷道断面帮脚采用 Φ48mm×4000mm 无缝钢管,内插 Φ20mm×3500mm 普通螺纹钢,间距为 1000mm,并加压注浆,注浆压力为 1~2MPa,与底板成 30°

下扎角。底角注浆锚管前段 2m 打眼加工成筛管以便注浆，底脚注浆锚管最前段加工成锥形或楔形方便安设到孔底。

5.1.2　支护效果模拟分析

采用 FLAC3D 数值模拟软件进行数值分析，岩层物理力学参数见表 5-1，模型上方施加均布载荷 20MPa 模拟上覆岩层自重，模型计算采用莫尔-库仑强度准则。

表 5-1　岩层物理力学参数

岩层类别	密度/(kg/m³)	黏聚力/MPa	内摩擦角/(°)	抗压强度/MPa	弹性模量/GPa	泊松比	抗拉强度/MPa
泥质粉砂岩	2.21	1.6	28	20.6	10.16	0.21	0.92
粉砂岩	2.35	0.8	30	20.2	8.29	0.23	1.28
20 煤	1.21	0.6	20	7.8	9.05	0.37	0.61
泥岩	22.18	0.7	25	10.5	14.2	0.22	0.85

采用"二次强力锚注"支护方案，巷道剧烈变形得到有效控制。从图 5-3 可以看出，距离工作面 0m 和 20m 处的巷道顶底板变形量较大，分别达到 37.7cm 和 23.7cm，分别占巷道高度的 10.77%和 6.7%；距离工作面 40m、60m、80m 处，顶底板变形量分别为 3.1cm、1.4cm、1.0cm，两帮变形量分别达 2.5cm、1.4cm、1.3cm。变形量占巷宽 1%以下，表明采用"二次强力锚注"支护方案能够有效控制巷道变形。

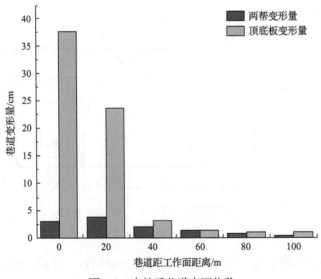

图 5-3　支护后巷道表面位移

围岩的变形破坏实质就是塑性区发展，塑性区的形态也决定巷道变形破坏的类型。因此，巷道围岩控制技术实质就是减小塑性区以及抑制塑性区的扩展。由图 5-4 可见，采用"二次强力锚注"支护方案对巷道围岩塑性屈服范围有着极大的改善。距工作面 100m 时，巷道围岩塑性区主要集中在两帮附近，塑性区范围形状为蝶形，底角处有着复合剪拉应力屈服破坏；随着工作面不断推进，受到多次采动影响后，巷道右侧屈服区域不断加速扩展，左帮塑性区扩展缓慢；当工作面推采至工作面上方时，巷道周边由于注浆提高了围岩强度，虽然已经发生了塑性屈服，但变形区范围依然得到有效控制。

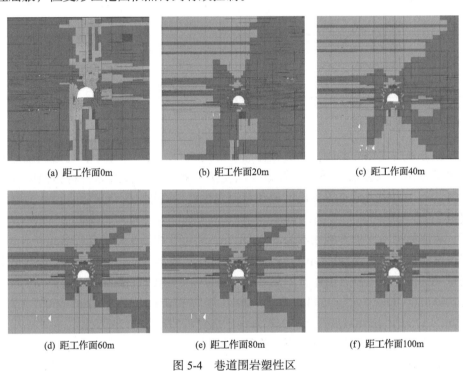

(a) 距工作面0m　　　　(b) 距工作面20m　　　　(c) 距工作面40m

(d) 距工作面60m　　　　(e) 距工作面80m　　　　(f) 距工作面100m

图 5-4　巷道围岩塑性区

5.1.3　支护效果现场监测

在巷道修复完 40 天后，对试验段相邻地段采用原锚网索方案和原架设 U 型钢方案进行 3 次断面测量，巷道断面参数见表 5-2。

从表 5-2 可以看出，采用优化方案后巷道断面宽度平均为 5.07m，比原断面收缩了 2.5%，顶底板平均高度为 3.4m，收缩了 3%，表明优化后的巷道几乎无明显的变形。采用原锚网索方案，巷道宽度与高度相对于优化方案分别降低了 13.8% 和 14.7%。原架设 U 型钢方案的巷道宽度与高度相对于优化方案分别降低了 6.7% 和 13.2%。表明优化后的巷道支护方案明显对巷道变形控制具有良好的效果。

表 5-2　不同支护方案断面参数表

支护方案	巷道断面参数		平均断面参数	
	宽度/m	高度/m	宽度/m	高度/m
原锚网索	4.5	2.8	4.37	2.9
	4.1	3.2		
	4.5	2.7		
原架设 U 型钢	4.7	2.9	4.73	2.95
	4.9	2.9		
	4.6	3.05		
"二次强力锚注"	5.1	3.3	5.07	3.4
	5.1	3.4		
	5.0	3.5		

5.1.4　经济效益分析

矿方采用优化方案后，巷道整体围岩得到加固，变形量较小，能够满足井下主要运输系统的需求。同时能够减少因支护失效废弃锚杆索等材料的损失以及修复巷道人力物力成本等支出。避免巷道发生冒顶事故，保证井下人员生命财产安全。

巷道原锚网支护直接成本为 6200 元/m；巷道开挖后平均每年需要维护 1 次，巷道维修成本平均 5700 元/m；强力锚注支护方式成本 6600 元/m。2021 年巷道工程量 650m，采用强力锚注技术后巷道免维护，产生的直接经济效益为 650m×（5700+6200–6600）元/m=344.5 万元。2020 年为 870m×（5700+6200–6600）元/m+650m×5700 元/m=831.6 万元。2 年累计创造经济效益约 1176 万元。

在近距离煤层群开采条件下巷道受到剧烈的采动影响，维护极为困难。强动压巷道占煤矿巷道的一半以上，在地质条件类似的土城煤矿、月亮田煤矿、火铺煤矿等盘江矿区矿井及类似矿区的泥质动压巷道有较好的推广应用前景。

5.2　红林煤矿 39114 运输平巷

5.2.1　补强支护

沿空留巷在整个服务期间需经历爆破切顶扰动、本工作面回采扰动、下工作面回采扰动，巷道顶板支护应具备良好的承载能力，需对巷道进行补强支护。

按照相关规范要求，补强锚索长度需超过切顶高度 1~2m。根据 39114 运输巷顶部岩性柱状图，切顶缝以上还有 3m 左右厚的细粒砂岩层，考虑切顶后采空区切顶高度范围内顶板垮落碎胀后能够对留巷侧采空区进行较好充填,切顶范围以上顶板下沉、离层等变形量将大幅度减小,对锚索锚固影响不大,因此将补强锚索长度设计为 8000mm。

1. 一般地点补强支护

选用 Φ17.8mm×8000mm 锚索替代原巷道顶部 4 根 Φ17.8mm×6200mm 锚索进行补强支护,锚索支护间距为 967mm×1600mm,如图 5-5、图 5-6 所示。

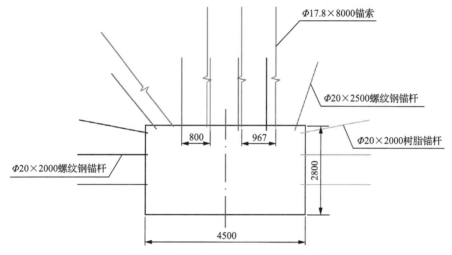

图 5-5 一般地点补强支护断面图(mm)

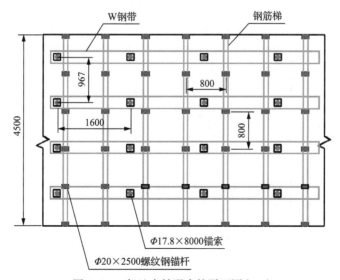

图 5-6 一般地点补强支护平面图(mm)

2. 特殊地段补强支护

在一般地点补强支护的基础上，在地质构造带、帮顶淋水地点、钻场等特殊地点，采用注浆锚索对巷道顶部或普通锚索对实体煤侧进行补强支护。

选用 $\Phi21.6\mathrm{mm}\times4000\mathrm{mm}$ 中空注浆锚索进行补强支护，锚索间排距为 $2400\mathrm{mm}\times1600\mathrm{mm}$；在实体煤侧增加 2 根 $\Phi17.8\mathrm{mm}\times4000\mathrm{mm}$ 普通锚索，锚索间排距为 $1600\mathrm{mm}\times1600\mathrm{mm}$。锚索施工完毕后，对巷道进行喷浆，然后利用中空注浆锚索进行高压注浆，如图 5-7、图 5-8 所示。

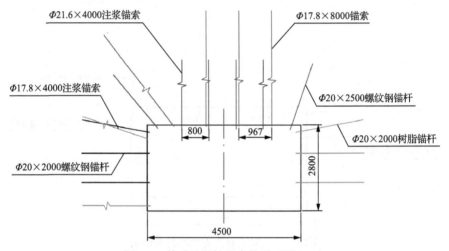

图 5-7　特殊地段补强支护平面图（mm）

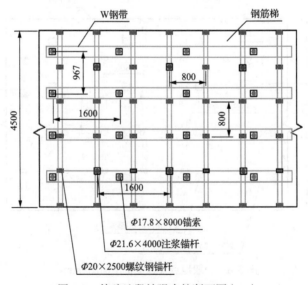

图 5-8　特殊地段补强支护断面图（mm）

5.2.2 挡矸支护

为了防止采空区顶板垮落时矸石窜入巷内，需在采空区侧进行挡矸支护。挡矸支护主要采用工字钢、U 型钢配合钢筋网进行支护。由于 9#煤层属于高瓦斯突出煤层，考虑到漏风和煤层自燃等问题，采用"铁丝网+风筒布+钢筋网+工字钢"进行挡矸支护，如图 5-9 所示。在采空区侧加装一层防风布，并用铁丝网固定，可以有效防止采空区瓦斯涌入巷道，同时能够有效防止漏风，避免新鲜风流入采空区，诱发煤层自燃。

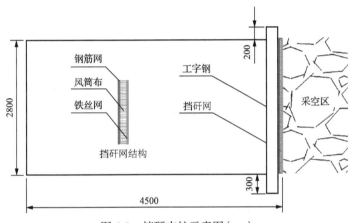

图 5-9 挡矸支护示意图（mm）

挡矸支护施工方向为从采空区侧开始，按"铁丝网→风筒布→钢筋网→工字钢"顺序打设。其中铁丝网、风筒布、钢筋网应提前按顺序制作为挡矸网，挡矸网宽度应大于移架距离，防止移架时矸石通过挡矸网与支架尾部空隙串入巷内，但不得影响采面人员正常通行。工字钢采用 11#工字钢，间距 500mm，与挡矸网之间采用铁丝绑扎固定，如图 5-10 所示。

图 5-10 挡矸支护现场图

完成挡矸支护后，对巷道采空区侧和巷道顶部进行喷浆，进一步封闭采空区，防止向采空区漏风。并根据现场顶板来压情况调整喷浆地点滞后采面距离。

5.2.3　超前临时支护

为了防止工作面超前应力集中对运输巷的影响，采用单体液压支柱配合铰接顶梁打设托棚作为超前临时支护，超前临时支护为 50m：其中距工作面 20m 范围内，沿巷道走向打设双排单体柱；20~50m 范围内，切顶侧沿巷道走向打设单排托棚。图 5-11 为超前临时支护示意图，图 5-12 为现场图。

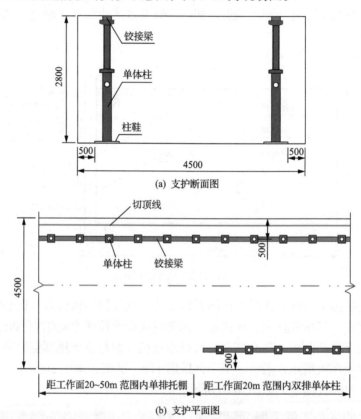

(a) 支护断面图

(b) 支护平面图

图 5-11　超前临时支护示意图(mm)

图 5-12　超前临时支护现场图

5.2.4 滞后临时支护

沿巷道走向打设 3 排单体液压支柱作为滞后临时支护,巷道切顶侧用单体液压支柱配合铰接顶梁,距巷帮 500mm,单体柱间距 1000mm。同时,离巷道中心线 500mm各打设一排单体液压支柱,单体液压支柱间距 2000mm,两排单体液压支柱呈"三花"布置,现场根据观测结果进行调整支护方式和间排距,见图 5-13,现场图见图 5-14。

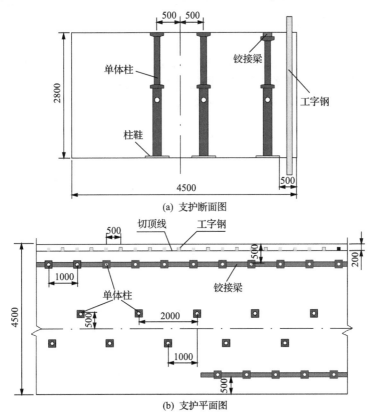

图 5-13 滞后临时支护示意图(mm)

图 5-14 滞后临时支护现场图

5.2.5　支护效果现场监测

1. 锚杆载荷

由于 39114 工作面不具备 Y 型通风条件，为防止新鲜风流入采空区，需要在沿空留巷滞后工作面段布置沙袋墙，导致无法在工作面后方建立测站。为测定切顶超前影响范围，在 39114 运输平巷内建立测站，选取顶板正中的一根锚杆安装锚杆测力计对锚杆工作阻力进行监测。测站分别距离切眼 60m、160m、260m。监测结果如图 5-15 所示。

从图 5-15 可以看出，随着工作面推进长度的增加，3 个测站的锚杆工作阻力均呈现增长趋势。说明随着工作面的推进，超前压力逐渐变大。如图 5-15(a) 所示，当离工作面距离为 40～60m 时，1 号测站锚杆工作阻力缓慢增加，当离工作面距

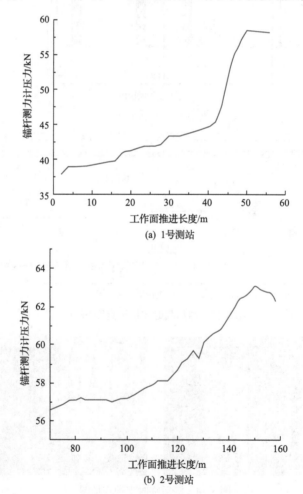

(a) 1号测站

(b) 2号测站

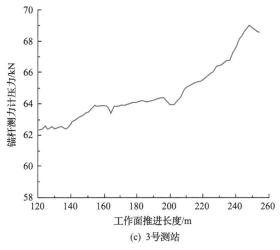

(c) 3号测站

图 5-15 锚杆工作阻力监测结果

离小于 20m 时，锚杆工作阻力急剧增加。如图 5-15(b)所示，2 号测站锚杆工作阻力变化趋势与 1 号测站基本一致，距工作面距离大于 50m 时，锚杆工作阻力增长平缓，小于 40m 后，锚杆工作阻力快速增加。如图 5-15(c)所示，3 号测站锚杆工作阻力与 1 号测站、2 号测站锚杆工作阻力表现出相同的趋势性。在离工作面距离大于 60m 时，锚杆工作阻力增加平缓，离工作面距离小于 60m 后，锚杆工作阻力快速增加。

根据锚杆工作阻力变化速率，将 1 号测站留巷超前影响范围确定为 20m，2 号测站留巷超前影响范围为 40m，3 号测站留巷超前影响范围为 60m。平均为 40m。

2. 巷道位移

在监测锚杆工作阻力的同时，监测 1、2、3 号测站的顶底板及两帮变形情况，监测结果如图 5-16 所示。3 个测站的顶板最大变形量分别为 103mm、114mm、78mm，平均变形量为 98.3mm。两帮的最大变形量分别为 66mm、64mm、57mm，平均变形量为 62.3mm。

从图 5-16 可以看出，在距离工作面大于 60m 时，3 个测站巷道顶底板变形量、两帮变形量均较小。当距工作面距离小于 60m 时，巷道顶底板变形量、两帮变形量出现增长。这说明切顶对巷道变形的超前影响有一定范围，经过测定切顶对 1 号测站巷道变形的超前影响量为 53m，切顶对 2 号测站巷道变形的超前影响量为 63m，切顶对 3 号测站巷道变形的超前影响量为 52m。平均为 56m。

以上结果表明，切顶留巷技术能够有效应对沿空巷道所受多次动压作用，有效控制巷道顶板变形。

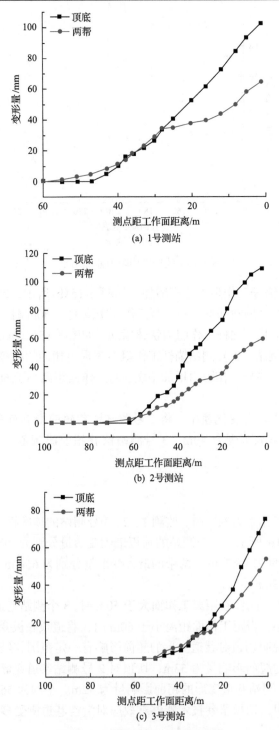

(a) 1号测站

(b) 2号测站

(c) 3号测站

图 5-16　巷道表面位移监测结果

5.3　平安磷矿二矿 844 中段运输巷

5.3.1　支护方案及参数

1. 一次支护

图 5-17 所示将 844 中段运输巷扩刷成直墙半圆拱形巷道尺寸：底宽×中高=4.7m×3.75m。锚杆采用长 1500mm，直径 45mm 的管缝锚杆进行浅部围岩锚固，间排距为 2000mm×1600mm，托盘尺寸为 150mm×150mm×5mm，钢筋网采用长×宽= 2150mm×1550mm 的冷拔电焊钢筋网对整个巷道表面进行加固，提高巷道稳定性，网孔大小为 100mm×100mm，直径为 5mm。

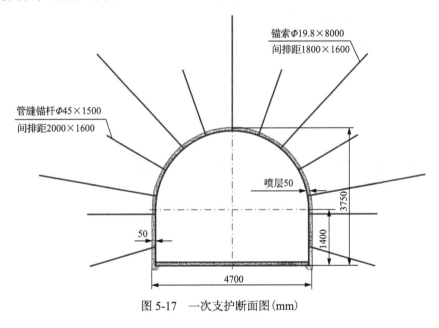

图 5-17　一次支护断面图(mm)

2. 浅孔注浆加固

锚网架设完毕后在其上喷射 50mm 厚的混凝土以封闭围岩，混凝土配比为水泥：黄沙：石子=1：2：2。待喷层凝固后使用风钻打注浆锚管钻孔，每个断面布置 6 个钻孔，间排距为 1500mm×1600mm；钻头直径 42mm，注浆管长度为 3080mm，安装好注浆管后在管口安装注浆阀门，注浆材料可采用硫铝酸盐水泥黏结注浆(硬化时间约为 20min)或化学浆液注浆控顶，进行封堵大型裂隙和浅层破碎围岩体加固，其具体施工参数如图 5-18 所示。

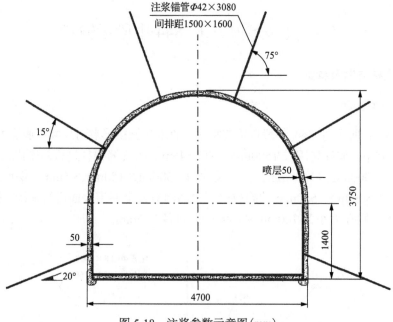

图 5-18　注浆参数示意图(mm)

3. 小孔径锚索补强支护

在易产生应力集中的巷道关键部位采用小孔径锚索进行加强支护。锚索规格 Φ19.8mm×8000mm，每个断面布置 5 根，间排距为 1800mm×1600mm。锚索安装必须牢固，每眼安装 1 卷 Z2950 和 1 卷 Z2535 树脂锚固剂，锚固长度 1185mm，具体布置方式如图 5-19 所示。

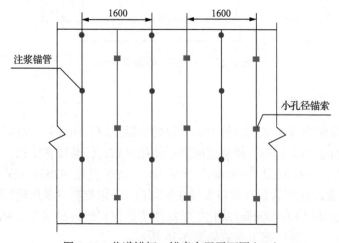

图 5-19　巷道锚杆、锚索布置平面图(mm)

4. 格栅拱架支护技术

如图 5-20 所示，格栅拱架是由直径 18mm 的主钢筋与直径 12mm 的辅助钢筋捆接而成的一种格栅状拱架，主钢筋间距为 300mm，辅助钢筋间距为 400mm。巷道完成锚网喷支护后在巷道两帮砌厚度为 200mm，高度为 500mm 的混凝土矮墙用来固定拱架主筋，并以 400mm 间距沿巷道走向捆扎辅助钢筋，拱架搭建完毕后喷射 200mm 厚混凝土充填拱架形成整体。

图 5-20 格栅拱架结构

相比于 U 型钢等钢拱架的点支撑来说，格栅拱架与混凝土喷浆形成的支护结构为巷道提供的是连续不断的整体性支撑，与巷道围岩完全贴合，可以充分调动巷道围岩的自身承载能力并提供强大的支撑力，能够将传递来的围岩应力均匀地分布在整个支撑结构，防止因局部破坏而导致支护体承载能力急剧下降，而且格栅拱架支护体的薄壁柔性结构克服了钢拱架刚性过大的问题，具有较大的柔性，能够适应巷道变形，降低巷道返修率。

5. 悬臂桩强化支护技术

如图 5-21 所示，在巷道帮部刻槽，槽长宽为 500mm×500mm，埋入底板深度为 500mm，高为 2000mm，刻槽完成后在槽内用直径 18mm 的钢筋捆扎成钢筋骨架并浇筑混凝土成悬臂桩。

高应力红页岩巷道变形严重，巷帮出现多处片帮，帮部出现大变形。在帮部设置悬臂桩可以强化帮部的抗变形能力，悬臂桩受力情况与悬臂梁类似，能够有效阻断帮部应力传递，从而有效降低巷道帮部位移，强化巷道整体抗变形能力。

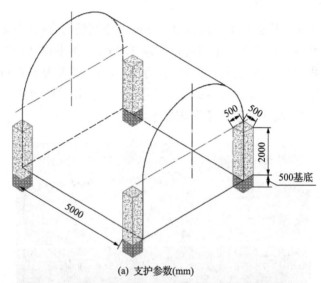

(a) 支护参数(mm)

(b) 施工效果

图 5-21　悬臂桩支护参数及施工效果

5.3.2　支护方案效果模拟

　　本次数值模拟通过对原支护方案采用的管缝式锚杆+锚网支护方式与现支护方案悬臂桩+格栅拱架+小孔径锚索+锚网喷支护方式进行模拟对比分析，通过对巷道围岩应力和位移的分布特征来对比两种方法的支护效果。采用 FLAC3D 的莫尔-库仑准则建立数值模拟模型，如图 5-22 所示，模型顶部施加 12.8MPa 模拟上覆岩层自重，侧压系数取 1.2，岩层黏聚力和内摩擦角取 1.4MPa 和 30°。

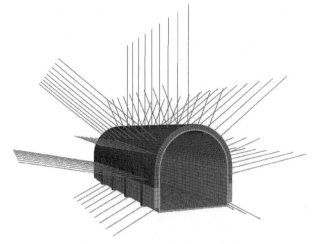

图 5-22 现支护方案巷道模型

1. 巷道围岩塑性区分布特征

由图 5-23(a)可知,巷道开挖后采用管缝式锚杆+锚网支护方式的塑性区较大,其最大深度分别顶部 5.57m,帮部 6.51m,底部 7.60m,原支护案巷道围岩发生显著的塑性破坏,顶板、两帮以剪切破坏为主,底板及底角部分存在部分拉伸破坏区域;由图 5-23(b)可知,采用悬臂桩+格栅拱架+小孔径锚索+锚网喷支护方案后,巷道围岩的塑性区范围得到了明显的改善,其最大深度分别为顶部 3.63m,帮部 2.57m,底部 5.11m。相比原支护方案顶板的塑性区范围明显减小,拉伸破坏

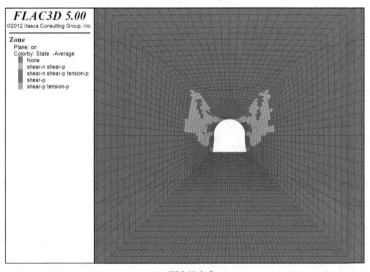

(a) 原支护方案

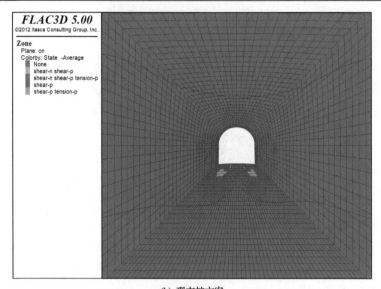

(b) 现支护方案

图 5-23　巷道围岩塑性区云图

拉伸破坏消失，说明 844 中段运输巷在采用浅孔注浆修复技术对巷道浅部破碎围岩进行充填修复后，巷道围岩的整体性和抗压强度均有所提高。巷道围岩的主动承载能力显著增强，巷道围岩的塑性区范围相比管缝式锚杆+锚网支护方式得到明显的改善。经过悬臂桩的强化，两帮部分的塑性区缩小最为明显，底板两侧的塑性区范围相比原支护方案范围明显减小，说明底角锚杆对于阻断应力向底板传播起到了一定的作用。底板的中下部破坏相比原支护方案没有明显改变，说明即便采用底角锚杆阻断两帮浅部应力向底板转移但对于底角内侧效果不大，说明造成这两个部位发生变形破坏的主要因素并不是由两帮经过悬臂桩及注浆加固的强化后，顶帮及两帮应力向底板转移造成的。

2. 巷道围岩位移

图 5-24(a) 为原支护方案的垂直位移云图，顶板最大垂直位移量为 136mm，顶板最大垂直位移范围为 3.49m，底板最大垂直位移量为 94.9mm，底板最大垂直位移范围为 3.23m。两帮下部由帮部向围岩内部垂直方向变形由先增大后减小。图 5-24(b) 为现支护方案的垂直位移云图，顶板最大位移量为 67.3mm，顶板最大垂直位移范围为 3.23m，与支护原方案相比顶板变形量明显降低，最大垂直位移范围略有减小。底板最大垂直位移量为 83.6mm，底板最大垂直位移范围为 2.61m，与原支护方案相比底板变形量略有降低，最大垂直位移范围明显减小。两帮受悬臂桩+注浆强化作用，两帮下部垂直位移极小，上部自悬臂桩顶部开始最大垂直位移范围向顶部集中呈倒拱形。

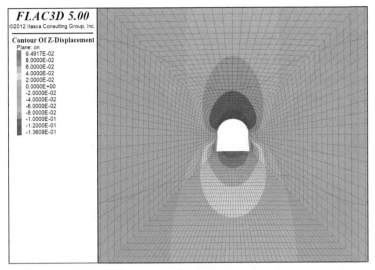

(a) 原支护方案

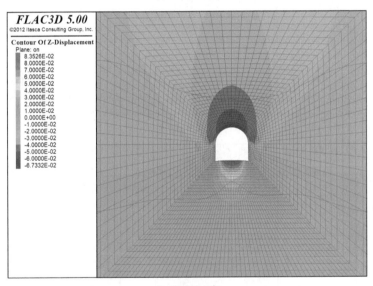

(b) 现支护方案

图 5-24 巷道围岩垂直位移云图

图 5-25(a) 为原方案支护的水平位移云图，巷道围岩水平位移主要集中在两帮部位，原支护方案的两帮最大变形量为 192.4mm，巷道两帮围岩水平位移范围为 3.53m，变形范围主要集中在两帮靠上部分，巷道开挖后两帮部位的围岩受力平衡遭到破坏，巷道围岩在上覆岩层重力作用下对巷道帮部产生水平应力使帮部发生大幅度水平方向变形。图 5-25(b) 为现支护方案的水平位移云图，现支护方案的两帮最大变形量为 62.9mm，巷道两帮围岩水平位移范围为 3.88m，最大水平变形位

于悬臂桩顶部与顶角围岩交界处。由图 5-25 可知，最大位移处向顶板方向位移变化明显大于底板方向，变形量较原支护方案大幅降低，然而悬臂桩+格栅拱架+小孔径锚索+锚网喷的支护方式使巷道围岩的内摩擦角及其黏聚力得到提高，围岩完整性及其连续性得到保持，再加上悬臂桩对两帮的强化支撑作用使得本应作用在两帮的水平应力由整个支护体承担，因此现支护方案形成的水平位移范围比原支护方案更大，变形量更小。

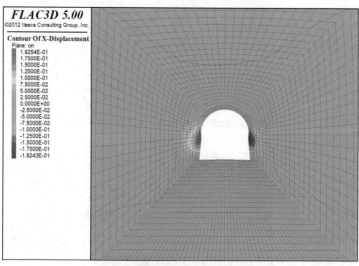

(a) 原支护方案

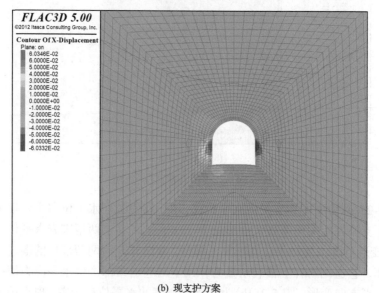

(b) 现支护方案

图 5-25　巷道围岩水平位移云图

3. 巷道围岩应力分布

图 5-26(a)为原支护方案的围岩应力云图,原支护方案下围岩应力主要集中在两帮、底角和底板中部,与上述塑性区、垂直位移、水平位移分布规律相符。现支护方案与原支护方案相比顶部、两帮、底部的应力分布明显更加均衡,说明

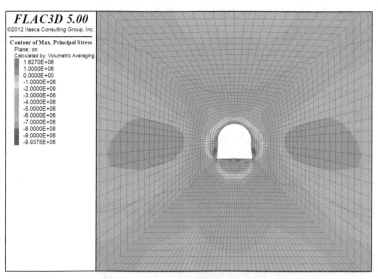

(a) 原支护方案

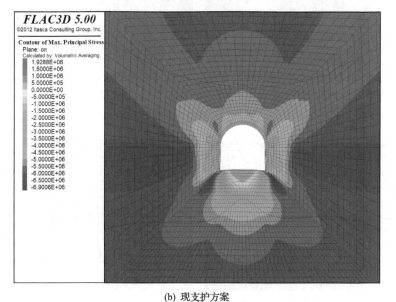

(b) 现支护方案

图 5-26　巷道围岩应力云图

悬臂桩+格栅拱架+小孔径锚索+锚网喷的支护方式能有效增加破碎的围岩黏聚力，提高围岩完整性，使围岩应力分布更加均衡，从而将巷道围岩的变形控制在合理范围。

5.3.3　支护效果现场监测

在平安磷矿二矿 844 中段运输巷施工过程中选择两段巷道对悬臂桩+格栅拱架+锚网喷+注浆与普通的锚网喷+注浆两种支护方案进行现场试验，为对比两种方案的具体效果，分别在两段巷道设置监测点并安装多点位移计与锚杆索测力计对巷道表面位移与支护结构受力情况进行监测(图 5-27、图 5-28)。通过对比可以得出普通的锚网喷+注浆支护对于高应力红页岩巷道只有短暂的临时支护效果，无法长期有效的支护。844 中段运输巷这种服务期较长、使用频率高的巷道仅采用锚网喷+注浆的支护方式根本无法解决巷道返修频繁的问题，严重制约了磷矿的运输效率。而采用悬臂桩+格栅拱架+锚网喷+注浆支护方案，巷道虽然也出现了部分变形，但是在两个月后巷道变形基本趋于稳定，并未对巷道正常使用造成影响。

(a) 悬臂桩+格栅拱架+锚网喷+注浆支护　　　　　　　(b) 锚网喷+注浆支护

图 5-27　巷道变形情况

(a) 锚杆索测力计　　　　　　　　　　　　(b) 多点位移计

图 5-28　现场监测情况

由图 5-29 可以看出，844 中段运输巷顶板变形最为严重，锚网喷+注浆支护方案下顶板下沉量约为两帮变形量的 2 倍，底鼓变形量的 3 倍，由图 5-30 可以看出，顶板下沉量在两个月后趋于稳定，两帮及底鼓变形较慢，五个月后慢慢趋于稳定。悬臂桩+格栅拱架+锚网喷+注浆支护方案下顶板下沉量、两帮变形量与底鼓变形量的规律大致相同，但变形量明显低于锚网喷+注浆支护方案，大致为该方案的 1/2，巷道变形在三个半月之后逐渐趋于稳定。

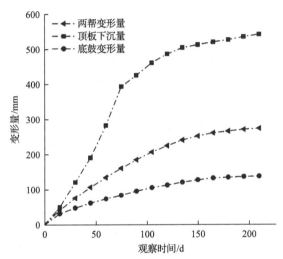

图 5-29　锚网喷+注浆支护方案巷道表面变形量

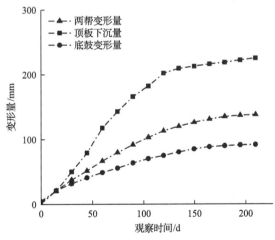

图 5-30　悬臂桩+格栅拱架+锚网喷+注浆支护方案巷道表面变形量

在试验段巷道的两帮及顶板安装锚杆索测力计，并施加预紧力至 20MPa，然而在锚网喷+注浆支护段安装的锚杆索测力计几乎全部失效，由此可见该支护方案一段时间后围岩再次破碎产生离层使得锚索失效。悬臂桩+格栅拱架+锚网喷+注浆支护段的锚杆索测力计读数为顶板 9.6MPa、左帮 11.3MPa、右帮 15.2MPa，表明锚索围岩完整度较好，围岩破碎产生的离层不多，围岩及支护体形成的整体结构仍有较大的承载能力。

5.4　文家坝一矿 A110607 工作面回风巷

5.4.1　支护方案及参数

A110607 回风巷位于文家坝一矿 11 采区上山南西翼，东南为 11 采区回风上山、A110605 运输巷瓦斯治理巷、A110705 运输巷，南为 A110605 采空区，南西为 A110607 切眼瓦斯治理巷，北为 A110607 运输巷瓦斯治理巷、A110707 运输巷辅助运输通道、A110707 运输巷回风通道，如图 5-31 所示。A110607 回风巷地面标高为+1580～+1666m，巷道埋深为 141.4～239.7m。巷道沿 6 号煤顶板掘进，根据 A110605 运输巷实际揭露情况，煤层结构复杂，其上层为碎块状，厚 0～2.1m，下层为粉末状，厚 0.5～2m，下层局部含 0.1～0.3m 的夹矸，煤层总厚度 1.2～3.1m，一般厚度 2.5m，煤层平均倾角 8°。煤层上方为 1m 左右的灰色泥岩，含少量镜煤条带；直接顶为厚层状灰色泥质粉砂岩，厚 2.01～5.11m，基本顶为石灰岩，厚为 10.8～11.4m。直接底为灰色泥岩，厚 0.19～0.99m，老底为深灰色泥质粉砂岩，厚 4.8～5.62m。

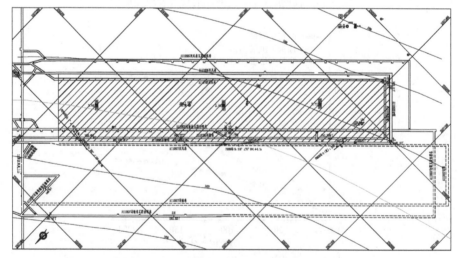

图 5-31　A110607 回风巷工作面布置图

1. 锚网支护

顶板采用"锚杆+钢筋网+锚索+W 钢带"支护，高帮采用"工字钢+钢筋网"

支护，矮帮采用锚网支护，详细支护参数如图 5-32 所示。

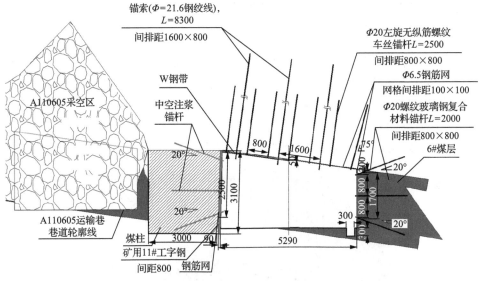

图 5-32　A110607 回风巷支护图（mm）

顶板锚杆采用左旋无纵筋螺纹钢锚杆（$\Phi=20\text{mm}$，$L=2500\text{mm}$），锚杆间排距为 800mm×800mm，每根锚杆采用 2 节 MSCK2335 型树脂锚固剂作为端头锚固。锚索规格 $\Phi21.6\text{mm}\times8300\text{mm}$，锚索间排距为 1600mm×800mm，每根锚索采用 3 节 MSCK2335 型树脂锚固剂作为端头锚固。W 钢带每块长 4.5m，与锚索配合支护，锚索施工在钢带眼孔内；钢筋网直径 6.5mm，规格为 1700mm×900mm，网格为 100mm×100mm，钢筋网搭接长度≥100mm，钢筋网搭接部位间隔 200mm采用两股 14 号铁丝绑扎固定。

高帮采用"工字钢+钢筋网"支护，工字钢长 3.1m，间距为 800mm，上端抵顶，下端插入底板 200mm，上下端用长×宽×厚=200mm×200mm×10mm 的钢板焊接为垫板，支设迎山角 1.5°，工字钢之间用两根撑拉杆（采用 20 号螺纹钢加工而成，长 0.9m，两端加工 100mm 螺纹）通过连接装置连接成整体。钢筋网规格与顶板一致，钢筋网纵向搭接部位紧挨工字钢，间隔 200mm 采用两股 14 号铁丝绑扎在工字钢上，横向搭接部位间隔 400mm 用两股 14 号铁丝绑扎牢固，钢筋网铺设高度为 2.5m，上部抵顶。

矮帮采用锚网支护，锚杆为玻璃钢复合材料锚杆（$\Phi=20\text{mm}$，$L=2000\text{mm}$），间排距为 800mm×800mm，每根锚杆采用 2 节 MSCK2335 型树脂锚固剂作为端头锚固；钢筋网规格与顶板一致，钢筋网搭接长度为 100mm，钢筋网搭接部位间隔 200mm 采用两股 14 号铁丝绑扎固定。

为了确保巷道在临近层工作面采动影响期间保持稳定，采用中空注浆锚杆进行煤柱注浆加固，长度为 2.0m，采用 4 分钢管制成，底端砸成扁状，注浆压力一般不超过 3.0MPa，注浆量以不发生大量跑浆为准。

2. 预裂切顶

根据工程经验和理论计算，切顶角度为 15°，切顶高度为 8m，如图 5-33 所示。在 A110605 运输巷实体煤侧，超前 A110605 回采工作面进行钻孔，采用双向聚能爆破技术对顶板实施切缝。该技术作为定向预裂爆破的一种，可实现炸药爆炸能量沿聚能管导向方向的定向传递，进而实现顶板岩体沿切缝方向定向破裂。工作面推过后，采空区顶板能够沿着预裂切顶线及时垮落。

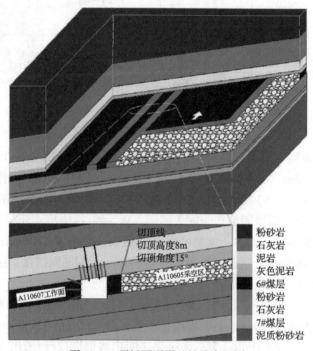

图 5-33　顶板预裂爆破钻孔布置图

5.4.2　支护方案效果模拟

1. 模型建立

为了研究切顶高度和煤柱宽度对沿空巷道采空区顶板垮落与巷道围岩稳定性的影响，根据文家坝一矿 A110607 回风巷工程地质条件，使用离散元软件 UDEC 建立数值计算模型。模型尺寸为 100m×60m，如图 5-34 所示。对模型底部边界及四周进行约束，顶部为自由边界，施加 4.8MPa 均布荷载。模型采用莫尔-库仑模型，节理采用库仑滑移模型，煤岩体物理力学参数见表 5-3。

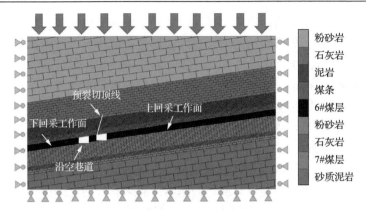

图 5-34　数值计算模型

表 5-3　煤岩体物理力学参数

岩层	密度/(g/cm³)	体积模量/GPa	剪切模量/GPa	黏聚力/MPa	内摩擦角/(°)	抗拉强度/MPa
泥岩	2550	3	1.3	1.7	29	1.5
煤条	1450	1.5	0.7	1.2	23	0.3
6#煤层	1400	1.9	0.9	0.8	27	0.3
粉砂岩	2600	5.8	4.2	3.2	33	1.8
石灰岩	2650	22	14	3	39	2.9
7#煤层	1440	1.9	1.3	0.8	30	0.3
泥质粉砂岩	2550	4.1	3.1	3.2	35	1.8

　　首先分析沿空巷道在不同切顶高度下的变形特征，然后再分析煤柱宽度对巷道稳定性的影响。由于切顶角度对倾斜煤层沿空巷道的影响不明显，不再研究切顶角度的影响，因此方案选取切顶角度 15°为固定角度。根据理论分析，选取切顶高度为 4m、6m、8m、10m，选取煤柱宽度为 2m、3m、4m、6m，模拟方案见表 5-4。通过设置不同切顶板高度和不同煤柱宽度，进而分析不同切顶高度采空区顶垮落情况和不同煤柱宽度对沿空巷道围岩稳定的影响。

表 5-4　数值模拟方案设计

方案	A	B	C	D	E	F	G
切顶高度/m	4	6	8	10	8	8	8
煤柱宽度/m	3	3	3	3	2	4	6
支护方式	锚网支护方式不变						

2. 不同切顶高度下沿空巷道围岩应力及位移分析

图 5-35 为不同切顶高度下采场及巷道变形图。切顶高度为 4m 时，由于切顶

高度较小，采空区上覆岩层产生离层，岩块发生旋转形成悬顶，并未完全切断上覆岩层的应力传递，导致巷道围岩及煤柱变形量逐渐增大，对巷道围岩的维护产生不利影响。此时，巷道顶板最大变形量为413mm，实体煤帮和煤柱帮变形量分别为130mm和316mm。切顶高度为6m时，切顶后采空区顶板沿着预裂切缝线垮落和下沉，但此时直接顶并未充分垮落，反而与上覆岩层之间产生较大的离层，处于悬顶状态，一旦垮落会对沿空巷道稳定性造成很大影响。此时，巷道顶板最大变形量为333mm，实体煤帮和煤柱帮变形量分别为70mm和238mm。当切顶高度增大至8m时，切缝线贯穿直接顶至部分基本顶，切顶后采空区顶板沿着切缝线顺利垮落，垮落岩石能够对回转的基本顶起到有效的支撑作用，顶板最大变形量为307mm，实体煤帮变形量为55mm，煤柱帮变形量为206mm。切顶高度继

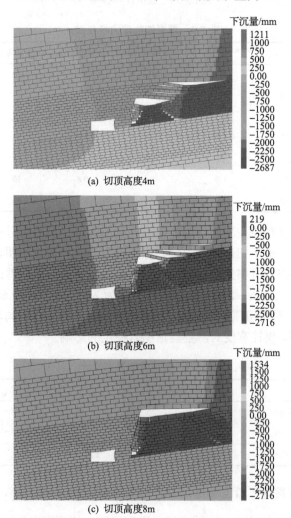

(a) 切顶高度4m

(b) 切顶高度6m

(c) 切顶高度8m

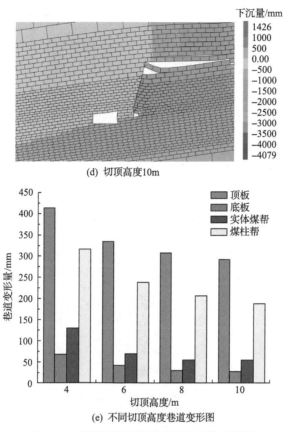

(d) 切顶高度10m

(e) 不同切顶高度巷道变形图

图 5-35 不同切顶高度下采场及巷道变形图

续增大至 10m 时，采空区上覆岩层垮落范围增大，基本顶均能沿切缝线顺利垮落，与切顶高度 8m 时相比，顶板、煤柱帮和实体煤帮最大变形量变化不大，巷道整体变形较小，对巷道维护有利，发现继续增大切顶高度对巷道稳定性影响不大。

图 5-36 为不同切顶高度下采场及巷道应力分布图。当切顶高度为 4m 时，实体煤帮应力峰值为 15.8MPa，应力峰值距巷道实体煤帮约 2.2m。煤柱侧出现未垮落的直接顶和基本顶形成的悬顶结构导致煤柱中出现大范围的高应力区域，造成应力集中，煤柱峰值应力高达 8.7MPa，较大的应力集中极易引发煤柱的大变形失稳，给巷道维护带来困难。切顶高度为 6m 时，实体煤帮应力峰值为 15MPa，与切顶高度 4m 时基本一致，也未完全切断采空区顶板的力学传递，造成采空区上方直接顶、基本顶离层加大。当切顶高度增大至 8m 时，切断了采空区和煤柱上方的应力联系，实体煤及煤柱应力峰值分别为 14.2MPa、7MPa，与切顶高度 4m 时相比降低了 10.1%、19.5%，实体煤侧集中应力距巷帮 2.2~2.5m。当切顶高度继续增加到 10m 时，由于基本顶垮落较充分，继续增加切顶高度对应力分布的影响较小。

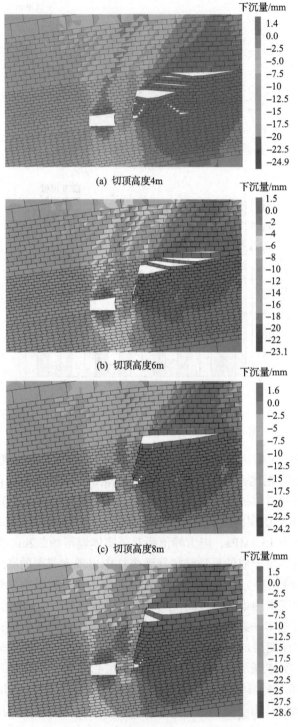

(a) 切顶高度4m

(b) 切顶高度6m

(c) 切顶高度8m

(d) 切顶高度10m

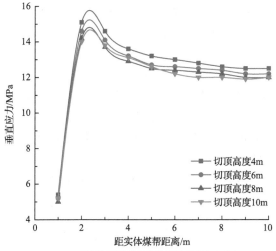

(e) 不同切顶高度下实体煤帮垂直应力分布

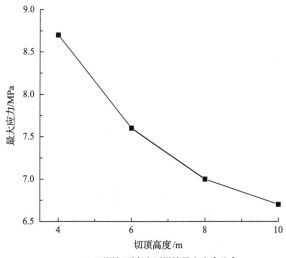

(f) 不同切顶高度下煤柱最大应力分布

图 5-36　不同切顶高度下采场及巷道应力分布图

　　综上所述，增加切顶高度能够降低实体煤帮峰值应力，应力集中区域往深部移动，煤柱峰值应力也随之减小，有利于巷道的稳定和维护。当切顶高度增加到10m 时，切顶高度的增加对巷道的影响不再明显，因此，根据模拟结果和工程经验确定最优切顶高度为 8m。

3. 不同煤柱宽度下沿空巷道围岩应力及位移分析

　　为了研究不同煤柱宽度对巷道围岩稳定性的影响，分别对方案 C、E、F、G进行模拟，切顶高度均设置为 8m。从图 5-37 可以看出，随着煤柱宽度的增加，顶板变形量呈现先减小后增大再减小的变化趋势,煤柱宽度由 2m 增大至 3m 时,顶板变形量由 352mm 减小为 307mm,煤柱宽度增大至 4m 时变化不大,而煤柱宽度由 4m 增大至 6m 时,顶板变形量减小了 30mm。底板变形量也是先减小后增大,煤柱宽度由 2m 增大至 3m 时,底板变形量由 62mm 减小为 30mm,煤柱宽度为 3~6m 时,底板变形量呈现增加趋势。实体煤帮变形量随着煤柱宽度的增加同样呈现波浪形变化,煤柱宽度由 2m 增大至 3m 时,变形量由 85mm 减小为 55mm,煤柱宽度在 3~6m 时变化不明显。煤柱帮的变形量随着煤柱宽度增加逐渐减小,大致呈线性变化,煤柱宽度在 2~3m 时,其变形量由 213mm 减小为 206mm,煤柱宽度增大至 6m 时,变形量减小为 76mm,与煤柱宽度 2m 相比降低了 64.3%。

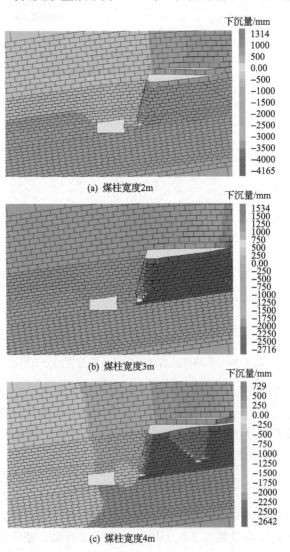

(a) 煤柱宽度2m

(b) 煤柱宽度3m

(c) 煤柱宽度4m

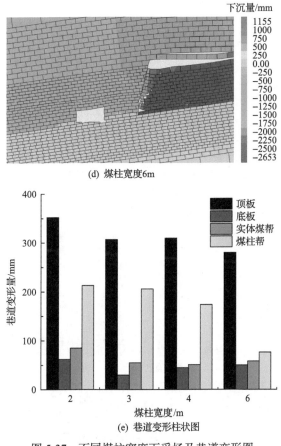

(d) 煤柱宽度6m

(e) 巷道变形柱状图

图 5-37 不同煤柱宽度下采场及巷道变形图

图 5-38 为不同煤柱宽度下采场及巷道应力分布图。煤柱宽度对沿空巷道两帮垂直应力分布具有重要影响。当煤柱宽度为 2m 时，实体煤帮垂直应力峰值位置距巷道表面约 2m，峰值为 19MPa，而此时煤柱的垂直应力峰值为 5MPa，要远低于实体煤帮，表明垂直应力主要由实体煤帮承载，煤柱变形破坏较为严重，承载能力低。煤柱宽度为 3m 时，实体煤帮应力峰值为 14.2MPa，峰值位置距巷道表面 2.3m，此时煤柱应力峰值为 7MPa。当煤柱宽度为 4m 时，实体煤帮应力峰值位置距巷道表面约 2m，应力峰值为 15.7MPa，与煤柱宽度为 2m 时相比下降了17.3%，煤柱侧应力峰值增大至 11MPa。当煤柱宽度继续增加到 6m 时，煤柱内的垂直应力快速增大并超过实体煤帮，垂直应力峰值分别为 14.5MPa、16.3MPa，煤柱帮承担了很大一部分上覆岩层载荷，此时煤柱帮应力峰值与煤柱宽度为 2m 时相比增加了 226%，巷道处在较高的应力环境中。此外，随着煤柱宽度的增加，煤柱最大主应力逐渐增加。

综上所述，煤柱宽度为 3m 时对巷道维护有利，煤柱宽度太小导致煤柱变形

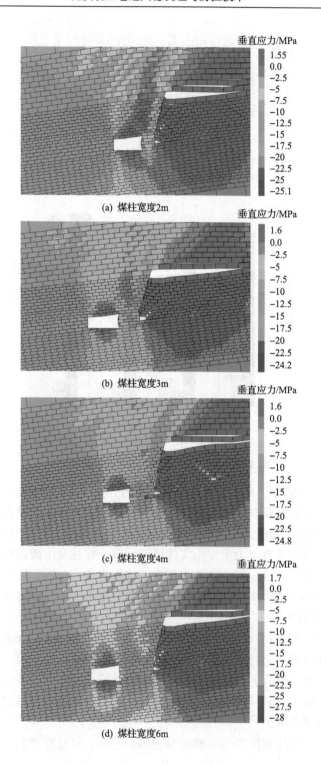

(a) 煤柱宽度2m

(b) 煤柱宽度3m

(c) 煤柱宽度4m

(d) 煤柱宽度6m

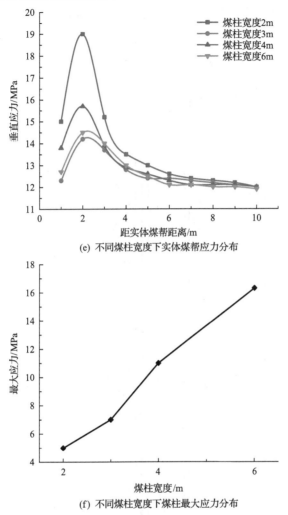

(e) 不同煤柱宽度下实体煤帮应力分布

(f) 不同煤柱宽度下煤柱最大应力分布

图 5-38 不同煤柱宽度下采场及巷道应力分布图

破坏、偏帮严重。煤柱宽度太大虽然缓解了煤柱和实体煤帮上的应力分布，但容易造成大量的煤炭资源浪费，最终选择合理的煤柱宽度为 3m。

5.4.3 支护效果现场监测

1. 测站布置

根据采掘工程平面图及工作面现场情况将巷道分为已掘进段(未切顶)和切顶沿空掘巷段两部分来监测。首个测站从调向后掘进位置处开始，每掘 50m 增加一个测站，切顶沿空掘巷段布置 2 个测站，未切顶段布置 2 个测站，测站布置平面示意图如图 5-39 所示。

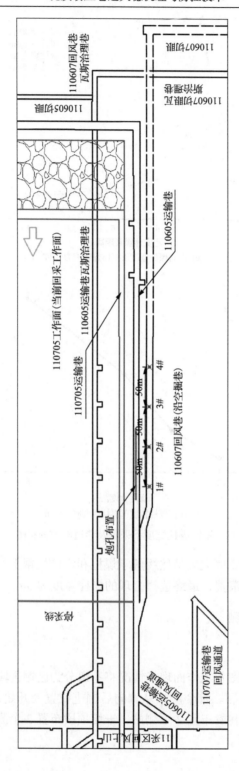

图5-39　测站布置平面示意图

2. 巷道表面位移分析

由图 5-40 和图 5-41 可知，A110607 回风巷两帮及顶底板变形量变化呈非线性增长，在 0～70d 内，巷道未切顶段 3#测站两帮变形量增大到 450mm，顶底板变形量增大到 300mm，4#测站两帮变形量增大到 400mm，顶底板变形量达到 350mm，此后巷道两帮及顶底板变形逐渐趋于稳定。在切顶沿空掘巷段，由于巷道靠采空区侧顶板被切断，阻断了应力传递，改善了巷道围岩应力环境，巷道变形量大幅度降低。1#测站、2#测站巷道变形量大幅度降低，两帮最大变形量保持在 240～280mm，约为未切顶条件下的 60%；顶底板平均变形量在 180mm 左右，约为未切顶条件下平均变形量的 55%。

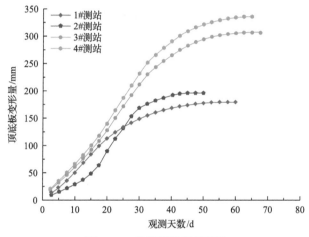

图 5-40　巷道顶底板变形量

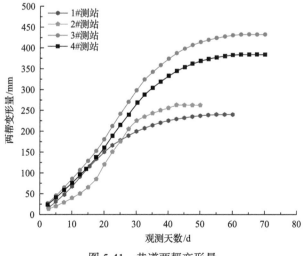

图 5-41　巷道两帮变形量

总的来说，经过切顶卸压和支护参数优化，A110607 回风巷在掘巷期间围岩控制较好，巷道现场维护效果较好，如图 5-42 所示。

图 5-42　A110607 回风巷维护效果图

参 考 文 献

[1] 张培森, 李复兴, 朱慧聪, 等. 2008—2020 年煤矿事故统计分析及防范对策[J]. 矿业安全与环保, 2022, 49(1): 128-134.

[2] 姜耀东, 赵毅鑫, 宋彦琦, 等. 放炮震动诱发煤矿巷道动力失稳机理分析[J]. 岩石力学与工程学报, 2005(17): 3131-3136.

[3] 左宇军, 唐春安, 朱万成, 等. 深部岩巷在动力扰动下的破坏机理分析[J]. 煤炭学报, 2006(6): 742-746.

[4] 朱万成, 左宇军, 尚世明, 等. 动态扰动触发深部巷道发生失稳破裂的数值模拟[J]. 岩石力学与工程学报, 2007(5): 915-921.

[5] Wang H, Jiang Y, Sheng X, et al. Assessment of excavation damaged zone around roadways under dynamic pressure induced by an active mining process[J]. International Journal of Rock Mechanics & Mining Sciences, 2015, 77: 265-277.

[6] Cai M. Influence of stress path on tunnel excavation response—Numerical tool selection and modeling strategy[J]. Tunnelling & Underground Space Technology, 2008, 23(6): 618-628.

[7] Zhu W C, Wei J, Zhao J, et al. 2D numerical simulation on excavation damaged zone induced by dynamic stress redistribution[J]. Tunnelling and Underground Space Technology Incorporating Trenchless Technology Research, 2014, 43(7): 315-326.

[8] 陈歧范, 田学起, 柏正才, 等. 动压巷道锚网支护技术[J]. 矿山压力与顶板管理, 2002, 2: 54-56.

[9] 宋希贤, 左宇军, 王宪. 动力扰动下深部巷道卸压孔与锚杆联合支护的数值模拟[J]. 中南大学学报(自然科学版), 2014, 45(9): 3158-3165.

[10] 李夕兵, 李地元, 郭雷, 等. 动力扰动下深部高应力矿柱力学响应研究[J]. 岩石力学与工程学报, 2007(5): 922-928.

[11] 唐礼忠, 高龙华, 王春, 等. 动力扰动下含软弱夹层巷道围岩稳定性数值分析[J]. 采矿与安全工程学报, 2016, 33(1): 63-69.

[12] 高富强, 高新峰, 康红普. 动力扰动下深部巷道围岩力学响应 FLAC 分析[J]. 地下空间与工程学报, 2009, 5(4): 680-685.

[13] 李夕兵, 周子龙, 叶州元, 等. 岩石动静组合加载力学特性研究[J]. 岩石力学与工程学报, 2008(7): 1387-1395.

[14] 李夕兵, 宫凤强, 高科, 等. 一维动静组合加载下岩石冲击破坏试验研究[J]. 岩石力学与工程学报, 2010, 29(2): 251-260.

[15] 刘少虹, 秦子晗, 娄金福. 一维动静加载下组合煤岩动态破坏特性的试验分析[J]. 岩石力学与工程学报, 2014, 33(10): 2064-2075.

[16] 马念杰, 赵希栋, 赵志强, 等. 深部采动巷道顶板稳定性分析与控制[J]. 煤炭学报, 2015, 40(10): 2287-2295.

[17] 康红普. 深部煤矿应力分布特征及巷道围岩控制技术[J]. 煤炭科学技术, 2013, 41(9): 12-17.

[18] 兰奕文, 严红, 邢鹏飞, 等. 特厚煤层强采动巷道顶板全锚索控制系统研究[J]. 采矿与安全工程学报, 2018, 35(2): 276-282.

[19] 严红, 何富连, 王思贵. 特大断面巷道软弱厚煤层顶板控制对策及安全评价[J]. 岩石力学与工程学报, 2014, 33(5): 1014-1023.

[20] 卢爱红, 茅献彪, 彭维红. 软岩巷道的粘弹性分析[J]. 采矿与安全工程学报, 2008, 25(3): 313-317.

[21] 李桂臣, 张农, 许兴亮, 等. 水致动压巷道失稳过程与安全评判方法研究[J]. 采矿与安全工程学报, 2010, 27(3): 410-415.

[22] 袁越, 王卫军, 袁超, 等. 深部矿井动压回采巷道围岩大变形破坏机理[J]. 煤炭学报, 2016, 41(12): 2940-2950.

[23] 李家卓, 张继兵, 侯俊领, 等. 动压巷道多次扰动失稳机理及开采顺序优化研究[J]. 采矿与安全工程学报, 2015, 32(3): 439-445.

[24] 孙利辉, 张海洋, 张小建, 等. 极软煤层动压巷道围岩大变形特征及全锚索支护技术研究[J]. 采矿与安全工程学报, 2021, 38(5): 937-945.

[25] 许兴亮, 张农, 曹胜根. 动压巷道围岩渗流场的空间分布特征[J]. 煤炭学报, 2009, 34(2): 163-168.

[26] 董方庭. 巷道围岩松动圈支护理论及应用技术[J]. 北京: 煤炭工业出版社, 2001.

[27] 董方庭, 宋宏伟, 郭志宏, 等. 巷道围岩松动圈支护理论切[J]. 煤炭学报, 1994, 19(1): 21-25.

[28] 何满潮, 景海河, 孙晓明. 软岩工程力学[M]. 北京: 科学出版社, 2002.

[29] 何满潮, 袁和生, 靖洪文. 中国煤矿锚杆支护理论与实践[M]. 北京: 科学出版社, 2004.

[30] 何满潮. 软岩巷道工程概论[M]. 徐州: 中国矿业大学出版社, 1993.

[31] 李庶林, 桑玉发. 应力控制技术及应用综述[J]. 岩土力学, 1997, 18(1): 90-96.

[32] 方祖烈. 拉压域特征及主次承载区的维护理论[M]//世纪之交软岩工程技术现状与展望. 北京: 煤炭工业出版社, 1999: 48-51.

[33] 方祖烈. 中国煤矿软岩巷道支护推广理论与实践[M]. 徐州: 中国矿业大学出版社, 1996.

[34] 许家林, 钱鸣高. 岩层控制关键层理论的应用研究与实践[J]. 中国矿业, 2001(6): 56-58.

[35] Yurchenko I A. The energy approach to calculations on bolt supports[J]. Mechanical Machine Components, 1970.

[36] 何满潮, 钱七虎. 深部岩体力学基础[M]. 徐州: 中国矿业大学出版社, 1996.

[37] 何满潮. 软岩工程力学的理论与实践[M]. 徐州: 中国矿业大学出版社, 1996.

[38] 孙晓明, 何满潮, 杨晓杰. 深部软岩巷道锚网索耦合支护非线性设计方法研究[J]. 岩土力学, 2006(7): 1061-1065.

[39] 张农, 王晓卿, 阚甲广, 等. 巷道围岩挤压位移模型及位移量化分析方法[J]. 中国矿业大学学报, 2013(6): 899-904.

[40] 侯朝炯, 张农, 柏建彪, 等. 巷道锚杆支护围岩强度强化理论研究[J]. 锚杆支护, 2001(1): 1-4.

[41] 侯朝炯, 勾攀峰. 巷道锚杆支护围岩强度强化机理研究[J]. 岩石力学与工程学报, 2000, 19(3): 342-345.

[42] 单仁亮, 蔚振廷, 孔祥松, 等. 松软破碎围岩煤巷强帮强角支护控制技术[J]. 煤炭科学技术, 2013, 41(11): 25-29.

[43] 单仁亮, 孔祥松, 蔚振廷, 等. 煤巷强帮支护理论与应用[J]. 岩石力学与工程学报, 2013, 32(7): 1304-1314.

[44] 单仁亮, 孔祥松, 燕发源, 等. 煤巷强帮强角支护技术模型试验研究与应用[J]. 岩石力学与工程学报, 2015, 34(11): 2336-2345.

[45] 郑赟, 单仁亮, 黄博, 等. 强帮强角应用于沿空留巷支护的相似模型试验研究[J]. 采矿与安全工程学报, 2021, 38(1): 94-102.

[46] 高建军, 张忠温. 平朔矿区近距离煤层采空区下巷道支护技术研究[J]. 煤炭科学技术, 2014, 42(5): 1-4,8.

[47] 张忠温, 吴吉南, 范明建, 等. 近距离煤层采空区下巷道支护技术研究与应用[J]. 煤炭工程, 2015, 47(2): 37-40.

[48] 冯学武, 张忠温, 曹荣平, 等. 深部煤巷刚柔二次耦合支护围岩控制技术[J]. 矿山压力与顶板管理, 2001(4): 18-19, 21-110.

[49] 勾攀峰, 辛亚军, 张和, 等. 深井巷道顶板锚固体破坏特征及稳定性分析闭[J]. 中国矿业大学学报, 2012(5): 712-718.

[50] 勾攀峰, 辛亚军, 申艳梅, 等. 深井巷道两帮锚固体作用机理及稳定性分析[J]. 采矿与安全工程学报, 2013, 30(1): 7-13.

[51] 勾攀峰, 辛亚军. 深井巷道围岩锚固体流变控制力学解析[J]. 煤炭学报, 2013, 38(12): 2119-2125.

[52] 余伟健, 高谦. 高应力巷道围岩综合控制技术及应用研究[J]. 煤炭科学技术, 2010, 38(2): 1-5.

[53] 李桂臣. 软弱夹层顶板巷道围岩稳定与安全控制研究[D]. 徐州: 中国矿业大学, 2008.

[54] 康红普. 高强度锚杆支护技术的发展与应用[J]. 煤炭科学技术, 2000(2): 1-4, 0.DOI:10.13199/j.cst.2000.02.4. kanghp.001.

[55] 费文平, 张建美, 崔华丽, 等. 深部地下洞室施工期围岩大变形机制分析[J]. 岩石力学与工程学报, 2012, 31(S1): 2783-2787.

[56] 张雪颖, 阮怀宁, 贾彩虹. 岩石损伤力学理论研究进展[J]. 四川建筑科学研究, 2010, 36(2): 134-138.

[57] 刘红岩, 王根旺, 刘国振. 以损伤变量为特征的岩石损伤理论研究进展[J]. 爆破器材, 2004(6): 25-29.

[58] 侯玮, 霍海鹰, 田端信, 等. 整合矿采空区掘进巷道围岩综合控制技术研究[J]. 煤炭工程, 2013(1): 86-92.

[59] 康钦容. 缓斜煤层群采动影响下底板软岩巷道围岩稳定性控制[D]. 重庆: 重庆大学, 2011.

[60] 门冬升. 锚杆支护施工工艺及安全技术措施[J]. 能源与节能, 2014, 11(11): 128-129.

[61] 李广明. 深部高应力松软煤层巷道控制技术研究实践[J]. 煤炭与化工, 2014, 37(3): 95-99.

[62] 任俊先. 高预应力耦合支护系统及其在深部巷道中的应用分析[J]. 当代化工研究, 2023(9): 127-129. DOI:10. 20087/j.cnki.1672-8114.2023.09.040.

[63] 谢广祥, 常聚才. 超挖锚注回填控制深部巷道底鼓研究[J]. 煤炭学报, 2010, 35(8): 1242-1246.

[64] Carter N, Tsenn M. Flow properties of continental lithosphere[J]. Tectonophysics, 1987, 136: 27-63.

[65] Tullis J, Yund R A. Transition from cataclastic flow to dislocation creep of feldspar: Mechanisms and microstruc-tares [J]. Geology, 1987, 15: 606-609.

[66] 谢生荣, 谢国强, 何尚森, 等. 深部软岩澎首锚喷注强化承压拱支护机理及其应用[J]. 煤炭学报, 2014, 39(3): 404-409.

[67] 曾广尚, 王华宁, 蒋明镜. 流变岩体隧道施工中锚喷支护的模拟与解析分析[J]. 地下空间与工程学报, 2013, 9(Supp. l): 1536-1542.

[68] Meng Q B, Han L J, Sun J W, et al. Experimental study on the bolt-cable combined supporting technology for the extraction roadways in weakly cemented strata[J]. International Journal of Mining Science and Technology, 2015, 25(1): 113-119.

[69] Yan H, Hu B, Xu T F. Study on the supporting and repairing technologies for cult roadways with large deformation in coal mines[J]. Energy Procedia, 2012, 14: 1653-1658.

[70] Lin H F. Study of soft rock roadway support technique[J]. Procedia Engineering , 2011, 21(4): 321-326.

[71] Zeng X T, Jiang Y D, Jiang C, et al. Rock roadway complementary support technology in Fengfeng mining district[J]. International Journal of Mining Science and Technology, 2014, 24(6): 791-798.

[72] Lu Y L, Wang L G, Zhang B. An experimental study of a yielding support for Roadways constructed in deep broken soft rock under high stress[J]. Mining Science and Technology(China), 2011, 21(6): 839-844.

[73] 方树林, 康红普, 林健, 等. 锚喷支护软岩大巷混凝土喷层受力监测与分析[J]. 采矿与安全工程学报, 2012, 29(6): 777-782.

[74] 康红普, 吴拥政, 李建波. 锚杆支护组合构件的力学性能与支护效果分析[J]. 煤炭学报, 2010, 35(7): 1057-1065.

[75] 王兰锋. 开拓巷道锚网喷联合支护施工工艺[J]. 山西焦煤科技, 2010, 4(4): 20-22.

[76] 赵卫东, 张再兴. 喷锚网支护原理及应用实践闭[J]. 有色金属(矿山部分), 2010, 62(2): 17-19.

[77] 罗勇. 深井软岩巷道U型钢支架壁后充填技术研究[J]. 力学季刊, 2009, 22(1): 489-494.

[78] 张宏学, 王运臣, 胡六欣. 巷道金属支架关键加固位置的确定[J]. 矿业工程研究, 2012, 27(3): 18-21.

[79] 刘建庄, 张农, 郑西贵, 等. U型钢支架偏纵向受力及屈曲破坏分析[J]. 煤炭学报, 2011, 36(10): 1648-1652.

[80] 胡艳峰, 谢文兵, 赵晨光, 等. U型钢可缩性支架壁后充填应力分散技术研究[J]. 煤炭工程, 2007(7): 66-68.

[81] 韩立军, 李仲辉, 王秀玲. U型钢与喷网支护壁后充填注浆加固[J]. 山东科技大学学报(自然科学版), 2002(1): 65-68.

[82] 杨朋, 华心祝, 刘钦节, 等. 深井大断面沿空留巷底板裂隙分形特征动态演化规律试验研究[J]. 岩土力学, 2017, 38(S1): 351-358.

[83] 张志镇, 高峰. 受载岩石能量演化的围压效应研究[J]. 岩石力学与工程学报, 2015, 34(1): 1-11.

[84] 朱泽奇, 盛谦, 肖培伟, 等. 岩石卸围压破坏过程的能量耗散分析[J]. 岩石力学与工程学报, 2011, 30(S1): 2675-2681.

[85] 陈卫忠, 吕森鹏, 郭小红, 等. 基于能量原理的卸围压试验与岩爆判据研究[J]. 岩石力学与工程学报, 2009, 28(8): 1530-1540.

[86] Martin C D. The strength of massive Lac du bonnet granite around underground openings[D]. Winnipeg, Manitoba: University of Manitoba, 1993.

[87] Eberhardt E. Brittle rock fracture and progressive damage in uniaxial coMPression[D]. Saskatoon: University of Saskatchewan, 1998.

[88] Miao C, Sheng Q Y, Pathegama G R, et al. Cracking behavior of rock containing non-persistent joints with various joints inclinations[J]. Theoretical and Applied Fracture Mechanics, 2020, 109: 102701.

[89] Xia K, Ren R, Liu F. Numerical analysis of mechanical behavior of stratified rocks containing a single flaw by utilizing the particle flow code[J]. Engineering Analysis with Boundary Elements, 2022, 137: 91-104.

[90] Xia X, Li H B, Li J C, et al. A case study on rock damage prediction and control method for underground tunnels subjected to adjacent excavation blasting[J]. Tunnelling and Underground Space Technology incorporating Trenchless Technology Research, 2013, 35: 1-7.

[91] Alcott J M, Kaiser P K, Simser B P. Use of microseismic source parameters for rockburst hazard assessment[M]// Seismicity Caused by Mines, Fluid Injections, Reservoirs, and Oil Extraction.

[92] Eberhardt E, Stead D, Stimpson B, et al. Changes in acoustic event properties with progressive fracture damage[J]. International Journal of Rock Mechanics and Mining Sciences, 1997, 34(3-4): 71.e1-71.e12.

[93] Diederichs M S, Kaiser P K, Eberhardt E. Damage initiation and propagation in hard rock during tunnelling and the influence of near-face stress rotation[J]. International Journal of Rock Mechanics and Mining Sciences, 2004, 41(5): 785-812.

[94] Diederichs M S. Manuel rocha medal recipient rock fracture and collapse under low confinement conditions[J]. Rock Mechanics and Rock Engineering, 2003, 36(5): 339-381.

[95] Taheri A, Zhang Y, Munoz H. Performance of rock crack stress thresholds determination criteria and investigating strength and confining pressure effects[J]. Construction and Building Materials, 2020, 243: 118263.

[96] Munoz H, Taheri A, Chanda E K. Fracture energy-based brittleness index development and brittleness quantification by pre-peak strength parameters in rock uniaxial compression[J]. Rock Mechanics and Rock Engineering, 2016, 49(12): 4587-4606.

[97] Wang Y, Deng H, Deng Y, et al. Study on crack dynamic evolution and damage-fracture mechanism of rock with pre-existing cracks based on acoustic emission location[J]. Journal of Petroleum Science and Engineering, 2021, 201: 108420.

[98] Li X F, Li H B, Liu L W, et al. Investigating the crack initiation and propagation mechanism in brittle rocks using grain-based finite-discrete element method[J]. International Journal of Rock Mechanics and Mining Sciences, 2020, 127: 104219.

[99] Nicksiar M, Martin C D. Crack initiation stress in low porosity crystalline and sedimentary rocks[J]. Engineering Geology, 2013, 154: 64-76.

[100] 康红普. 我国煤矿巷道围岩控制技术发展 70 年及展望[J]. 岩石力学与工程学报, 2021, 40(1): 1-30.

[101] 田甜. 掘进工作面围岩应力分布特征及其与支护的关系[J]. 煤炭技术, 2016, 35(4): 68-69. DOI:10.13301/j.cnki.ct.2016.04.029.

[102] He M, Gao Y, Yang J, et al. An innovative approach for gob-side entry retaining in thick coal seam longwall mining[J]. Energies, 2017, 10(11): 1785.

[103] Hu J, He M, Wang J, et al. Key parameters of roof cutting of gob-side entry retaining in a deep inclined thick coal seam with hard roof[J]. Energies, 2019, 12(5): 934.

[104] Zhen E, Gao Y, Wang Y, et al. Comparative study on two types of nonpillar mining techniques by roof cutting and by filling artificial materials[J]. Advances in Civil Engineering, 2019, DOI: 10.1155/2019/5267240.

[105] 何满潮, 马新根, 牛福龙, 等. 中厚煤层复合顶板快速无煤柱自成巷适应性研究与应用[J]. 岩石力学与工程学报, 2018, 37(12): 2641-2654.

[106] 高玉兵, 杨军, 何满潮, 等. 厚煤层无煤柱切顶成巷碎石帮变形机制及控制技术研究[J]. 岩石力学与工程学报, 2017, 36(10): 2492-2502.

[107] Wang Y, Gao Y, Wang E, et al. Roof deformation characteristics and preventive techniques using a novel non-pillar mining method of gob-side entry retaining by roof cutting[J]. Energies, 2018, 11(3): 627.

[108] Ma Z, Wang J, He M, et al. Key Technologies and application test of an innovative noncoal pillar mining approach: a case study[J]. Energies, 2018, 11(10): 2853.

[109] Ma X, He M, Wang J, et al. Mine strata pressure characteristics and mechanisms in gob-side entry retention by roof cutting under medium-thick coal seam and compound roof conditions[J]. Energies, 2018, 11(6): 2539.

[110] Wang, Q, He M, Yang J, et al. Study of a no-pillar mining technique with automatically formed gob-side entry retaining for longwall mining in coal mines[J]. International Journal of Rock Mechanics and Mining Sciences, 2018, 110: 1-8.

[111] 马新根, 何满潮, 李先章, 等. 切顶卸压自动成巷覆岩变形机理及控制对策研究[J]. 中国矿业大学学报, 2019, 48(3): 474-483.

[112] 王炯, 高韧, 于光远, 等. 切顶卸压自成巷覆岩运动红外辐射特征试验研究[J]. 煤炭学报, 2020, 45(S1): 119-127.

[113] 朱珍, 袁红平, 张科学, 等. 切顶卸压无煤柱自成巷顶板下沉分析及控制技术[J]. 煤炭科学技术, 2018, 46(11): 1-7.

[114] Zhu Z, Zhu C, Yuan H P. Distribution and evolution characteristics of macroscopic stress field in gob-side entry retaining by roof cutting[J]. Geotechnical and Geological Engineering, 2019, 37(4): 2963-2976.

[115] He M C, Ma X G, Yu B, et al. Analysis of strata behavior process characteristics of gob-side entry retaining with roof cutting and pressure releasing based on composite roof structure[J]. Shock and Vibration, 2019, ID: 2380342.

[116] Chen T, Wang A H, Liu Y J, et al. Study on the migration law of overlying strata of gob-side entry retaining formed by roof cutting and pressure releasing in the shallow seam[J]. Shock and Vibration, 2020. DOI: 10.1155/2020/8821160.

[117] Sun B J, Hua X Z, Zhang Y, et al. Analysis of roof deformation mechanism and control measures with roof cutting and pressure releasing in gob-side entry retaining[J]. Shock and Vibration, 2021. DOI: 10.1155/2021/6677407.

[118] 迟宝锁, 周开放, 何满潮, 等. 大采高工作面切顶留巷支护参数优化研究[J]. 煤炭科学技术, 2017, 45(8): 128-133.

[119] 何满潮. 深部的概念体系及工程评价指标[J]. 岩石力学与工程学报, 2005(16): 2854-2858.